THE ART & APPLICATION OF COLOR IN SPACE

空间色彩艺术与运用

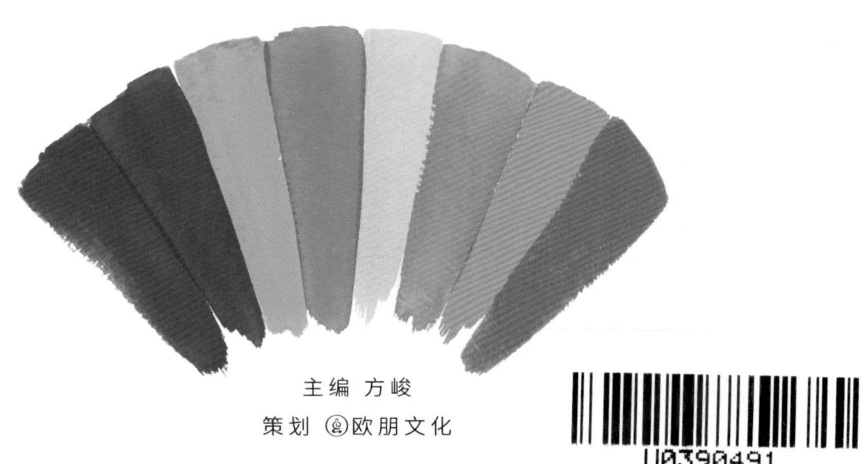

主编 方峻

策划 欧朋文化

華中科技大學出版社
http://www.hustp.com
中国·武汉

色彩的发展篇

1

色彩的故事篇 2

色彩的探索篇 3

色彩的发展篇
1

1.1 色彩的历史

人类对色彩的感知与人类历史一样漫长，而有意识地应用色彩则始于原始人用固体或液体颜料涂抹面部与躯干。在新石器时代，陶器上已经可见原始人对简单色彩的自觉运用。在色彩的应用史上，装饰功能先于再现功能而出现。人类制作颜料是从炙烤肉类时流出的油与某些泥土的偶然混合，逐渐发展为以蛋清、蜡、亚麻油、树胶、酪素和丙烯聚合剂等作颜料结合剂。在古代中国、印度、埃及、美索不达米亚，颜料多用在家具、服装和建筑物上。

在古代中国的绘画中，色彩主要用于轮廓的填充和形象的修饰，用色简练单纯，而古罗马在墙面、地板的镶嵌上则已有丰富的色彩。从文艺复兴时代开始，艺术家们不断探索新的色彩材料，凡·爱克兄弟等人在"油胶粉画法"的基础上改进而形成了亚麻油等调制的油画颜料，为油画的产生提供了媒介材料。自此，绘画上色彩表现的手段大为丰富。

尽管人类对色彩的应用已有几千年的历史，但真正意义上立的科学色彩学研究却晚于透视学、艺术解剖学，直到近代才始，这是因为色彩学的研究须以光学的产生和发展为基础。文艺兴时期的画家为了取得自然主义的表现效果，曾经研究过光学题，注意到了色彩透视现象。直到17世纪60年代，牛顿通过有的"日光—棱镜折射实验"得出白光是由不同颜色（即不同波长的光线混合而成的结论之后，颜色的本质才逐渐得到正确的解释由开普勒奠定的近代实验光学为色彩学的产生提供了科学基础。

感知心理学的研究为解决色彩视觉问题，心理物理学的方为解决视觉机制对光的反映问题，都提供了重要的前提条件。而觉艺术所提出的色彩问题，尤其是印象派出现之后遇到的外光

《我们从哪里来?我们是谁?我们到哪里去?》【法国】保罗·高更(Paul Gauguin) 1897年

这是一幅充满哲理性的大型油画。据画家自己说，这是他以最大热情完成的作品。此前，迫于贫困交加，高更绝望到了自杀的地步，被救之后，产生出强烈的创作欲望。他把在梦中的幻想与在塔希提岛的生活感受融入创作之中，并以《我们从哪里来?我们是谁?我们到哪里去?》为题，成功地构思出这幅巨作。画面色彩单纯而富有神秘气息，平面手法使之富有东方的装饰性与浪漫色彩。在斑驳绚丽、如梦如幻的画面中，隐含着画家哲理性的对生命意义的追问。

高更将塔希提岛未经开发的充满原始生命力的土地看作人类的"乐园"，当他面对塔希提岛上那些未失去原始面貌的大自然风光时，面对那些肤色黝黑、体格健壮、心地善良、面孔笃诚，彰显着原始野性美的简单淳朴而格外虔诚的土著人时，他激动不已，认为这便是他所苦苦追寻的"乐土"。因此，他创作了一批如诗如梦，带着神秘意味的画作。

高更自己说他在创作这幅画时"不加任何修改地画着，一个那样纯净的幻象，以致不完满地消失掉而生命升了上来，我的装饰性绘画我不用可以理解的隐喻画着和梦着。在我的梦里和整个大自然结合着，立在我们的来源和将来的面前。"

这是一个多世纪以前，大画家高更对生命的思索和拷问。画中的婴儿意指人类诞生；中间摘果人是暗示亚当采摘智慧果，寓意人类生存发展；尔后是老人。整幅画面从婴儿到老人，寓意着人类从生到死的命运，画出人生三部曲。

高更用这一单纯而清晰的颜色告诉了我们：人如土，土就是人的脉搏；人如树，树就是人的灵魂；人如山，山就是人的脊梁；人如天，天空就是人的心宇；人如地，地就是人的广博胸怀。

、色彩并置对比、互补色等问题，促使理论家、艺术家运用科学的法探讨色彩产生、接受及应用的规律。到19世纪下半叶，色彩研究的专著开始出现，如薛夫鲁尔的《色彩和谐与对比的原则》854年)、贝佐尔德的《色彩理论》(1876年)等。

进入20世纪，色彩学更在现代光学、心理物理学、神经生理学、艺术心理学等基础上获得了长足进展。而色彩学的发展又促进了视觉艺术从19世纪向20世纪多元化时代的转变。

1.2 天生色彩之眼

从出生起，我们就生活在一个彩色的世界里，但很多时候我们绝大部分的颜色都视而不见，而且常常会做出无意识的色彩选。实际上，人都是有天生的、直觉性的色彩感——一种对色彩心理和色彩象征的敏感，一种对蕴藏在个人身上审美判断力的自信。

色彩的感知和理解是在与色彩接触的实践过程中产生的，生中不存在所谓“正确”的色彩。

《眼睛和嘴唇》【西班牙】萨尔瓦多·达利(Salvador Dalí)(1904—1989年)

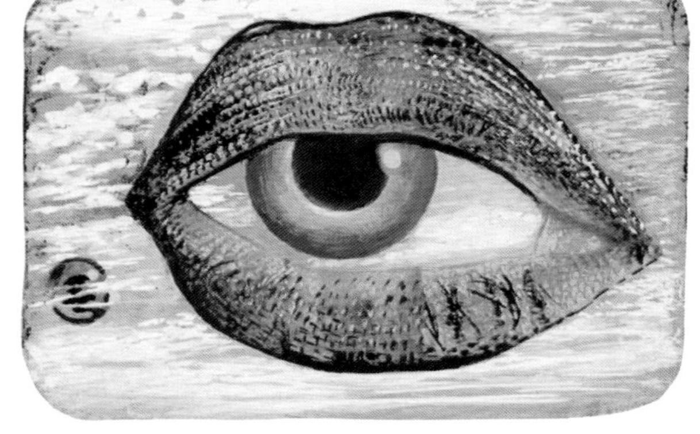

1.3 色彩的认知

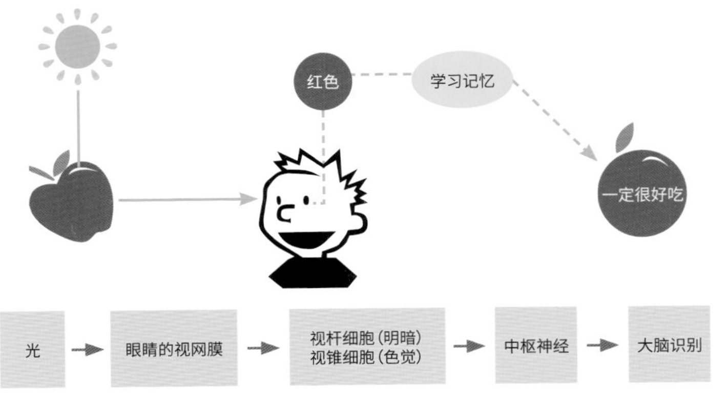

色彩认知的形成过程：首先由眼睛在光的作用下看到物体颜色，然后通过大脑来感知和分辨色彩。

眼睛首先识别的是明暗，然后才是颜色。

视网膜上存在两种感光细胞，即视杆细胞与视锥细胞。其中，视杆细胞用于识别明暗，视锥细胞用于分辨色彩。色盲或色弱就是由于视网膜的视锥细胞存在缺陷而导致的难以分辨色彩的视觉障碍。

1.4 色彩的属性

1.4.1 色相与色环color→hue(H)

色相是各类色彩的相貌称谓，是用来区别各种不同色彩的名称。在光谱中可以清晰地辨认出红、橙、黄、绿、蓝、紫等基本色相，但各色相之间，还存在无数个渐进性变化的色相。

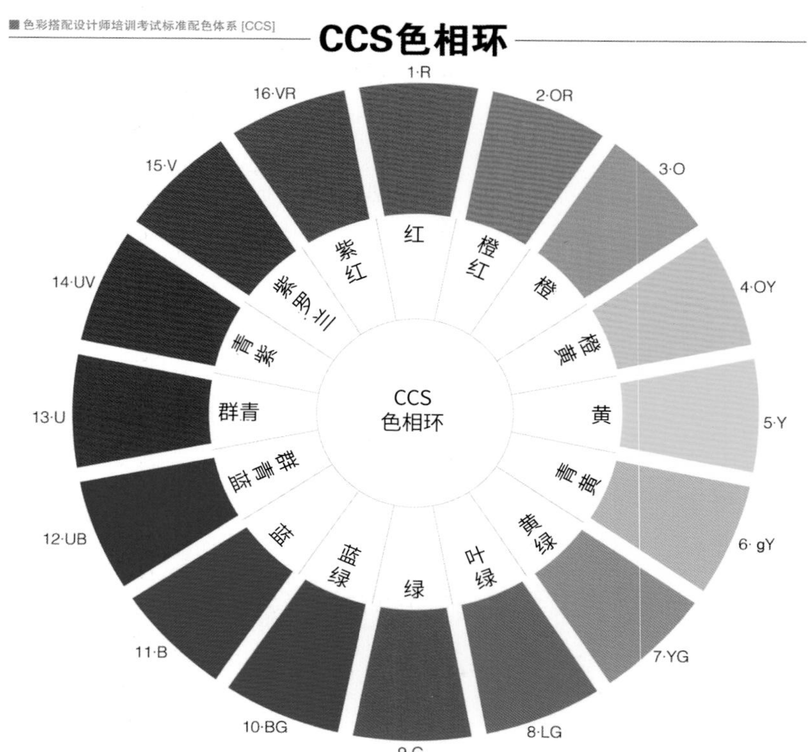

补色

在色相环中，位于直径两端的两种颜互为补色。

例如：黄与群青、红与绿互为补色。

对比色

在色相环中，与某种颜色距离较远的叫做该颜色的对比色，互为对比色的两种具有相反的情感与性质。

例如：蓝与橙、绿与橙互为对比色。

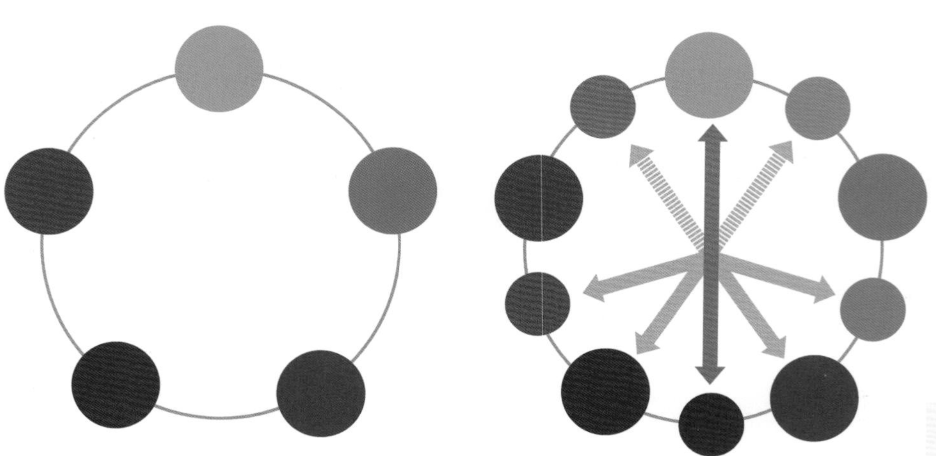

色相环

1.4.2 明度lightness→value(V)

明度是表示色彩亮度(明暗状态)的属性。

色相、明度、纯度的变化

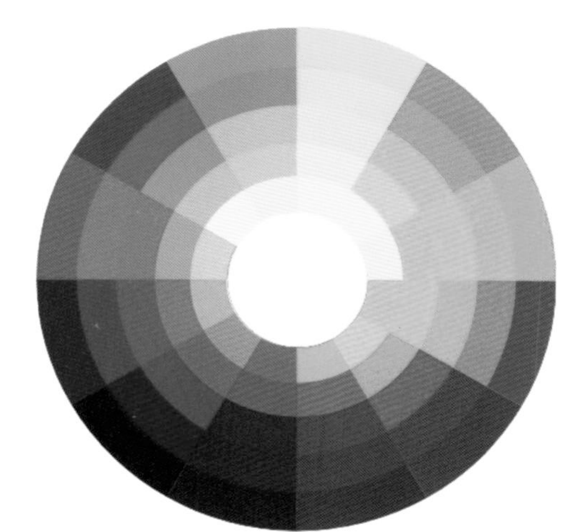

1.4.3 彩度saturation→chroma(C)

彩度是表示颜色鲜浊程度的属性。在色立体中,距离无彩色轴越近,彩度就越低,反之则彩度越高。

1.5 色立体:Mumsell(曼塞尔)色形体系

将色彩三属性——色相、明度和纯度在三维空间内呈立体状分布,就形成了色立体。在色立体中,纵轴表示明度,横轴表示纯度。如果沿水平面方向将色立体二等分,横截面的圆周部分就是色相(环)。

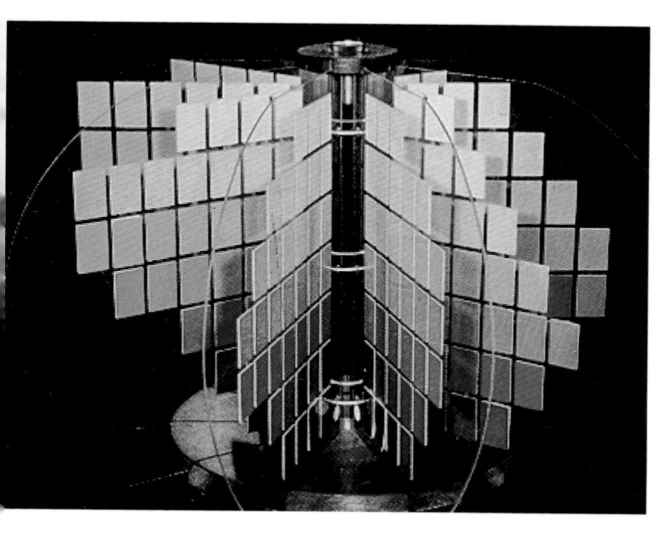

1.6 光谱：色彩的波长

光与色的关系密不可分，色是因光的存在而产生的物理现象，色觉就是对光的知觉现象。

因此，光是色彩的根本。在多种波长的光中，被人眼感知的色彩范围称为“可见光”。人的肉眼可以感知的可见光涵盖了从380 nm（紫光）到780 nm（红光）的范围，波长超过780 nm的光是红外线，波长不足380 nm的光是紫外线。

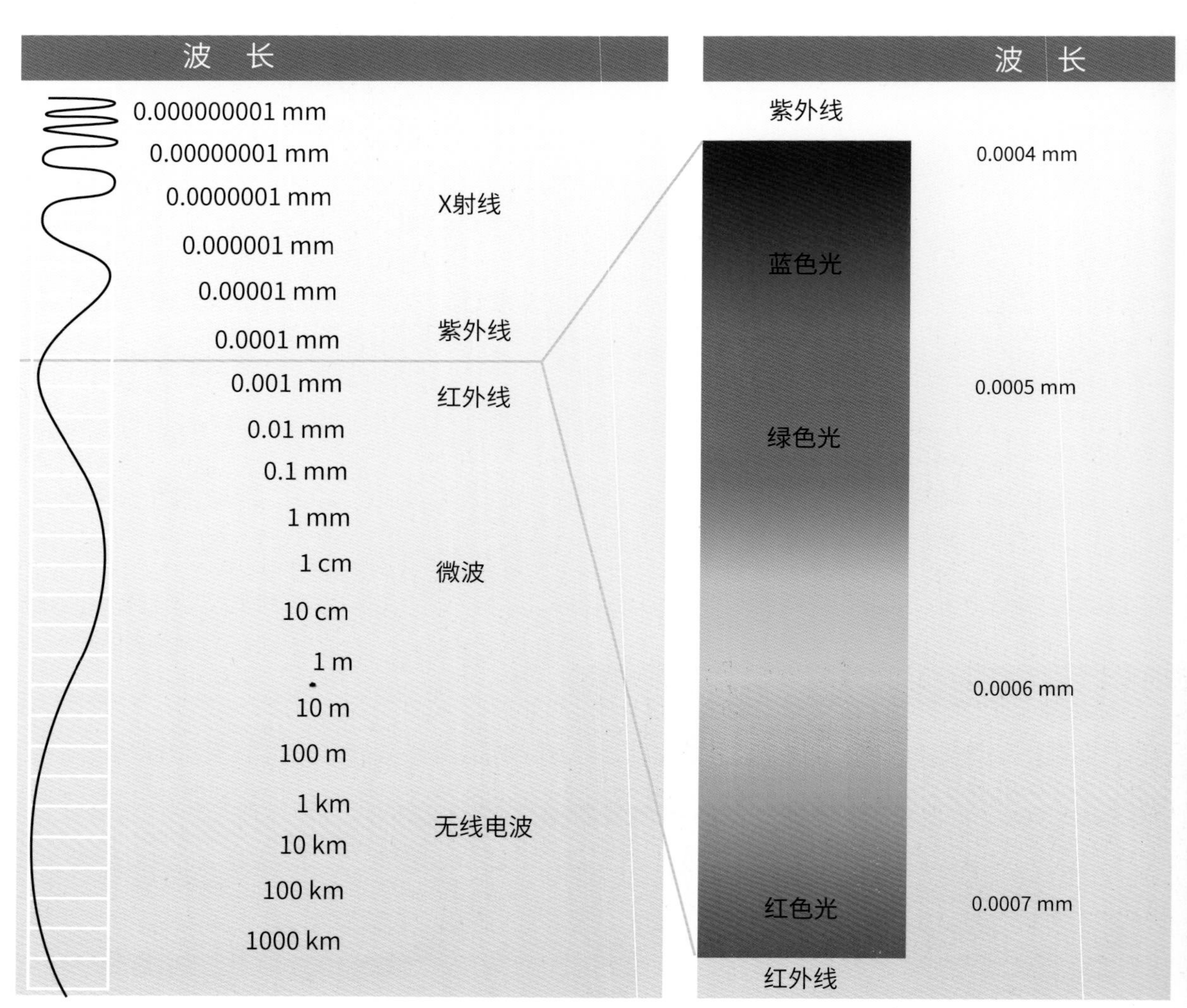

不同颜色的光有不同的波长，红光的波长长于绿光和蓝光的波长。

可见光的波长只有我们头发直径的千分之一那么长。人类可见的波长范围很小，在0.38~0.78 μm，即380~780 nm之间。

波长较短的光，如紫外线、X射线。

波长较长的光，如红外光，又叫红外线、微波和无线电波。

绿光的波长为492~577 nm，是人类感觉最舒服的波长。

1.7 关于RGB（色光三原色）

色光三原色：红色、绿色和蓝色。

电脑显示器上每个像素的色彩都可以被单独散射，这样就便于0~255范围内设置它的红色、绿色和蓝色值。

在这个范围内，我们有16 777 216个颜色设置值可以选择。

按红色（Red）、绿色（Green）和蓝色（Blue）英文单词的缩写，这的色彩设置模式被称为RGB模式。

1.8 关于CMYK（色料三原色）

色料三原色：青色、品红色、黄色。

在喷墨打印机中，至少有青色、品红色、黄色和黑色这四种颜色的墨盒。

按青（Cyan）、品红（Magenta）、黄（Yellow）英文单词的缩写，这个彩印模式被称为CMY模式，有时也被称为CMYK模式，其中“K”字母来自“黑色”英文单词的最后一个字母，使用K的目的就在于把蓝色（Blue）与黑色（Black）区别开来。

1.9 RGB与CMYK

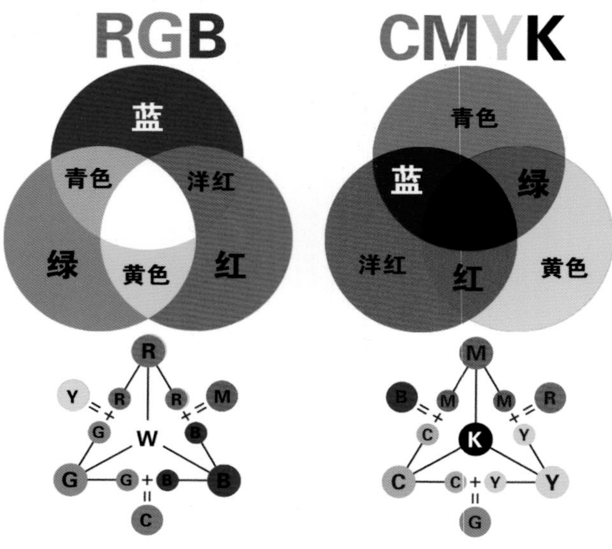

红色光、绿色光和蓝色光混合
一起就会形成白色光。

调和色光时，总是将新的色光
加到已存在的色光中去。

例如，将红色添加到蓝色光
去，它们混合后就会形成品红色光
这种调和色原理称为加色法混合。

反之，颜料只反射本身的色彩
光，而吸收其他色彩的光，故称其为
色法混合。

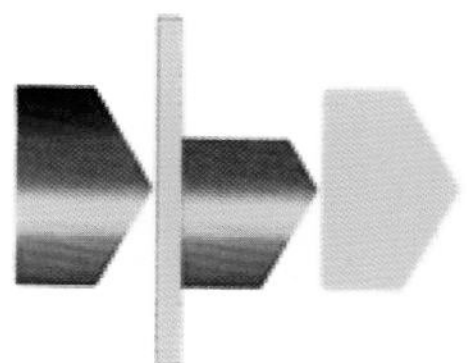

光穿过黄色过滤层，蓝色光就被去除，剩余的就是黄色光。

光线穿过青色过滤层，红色光就会被去除，剩下的就是青色光。

光线先穿过黄色过滤层然后再穿过青色过滤层，剩余的光就只有青色光、绿色光和黄色光，我们最终看到的是绿色光。

1.10 RGB与CMYK的应用

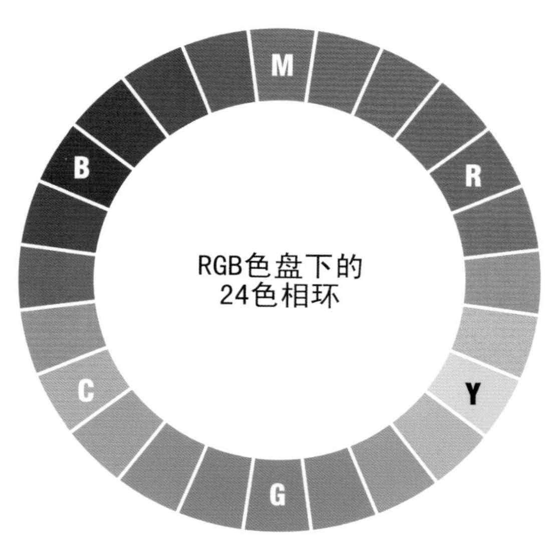

RGB色彩系统（色光）
常见于电脑、电视、手机显示屏

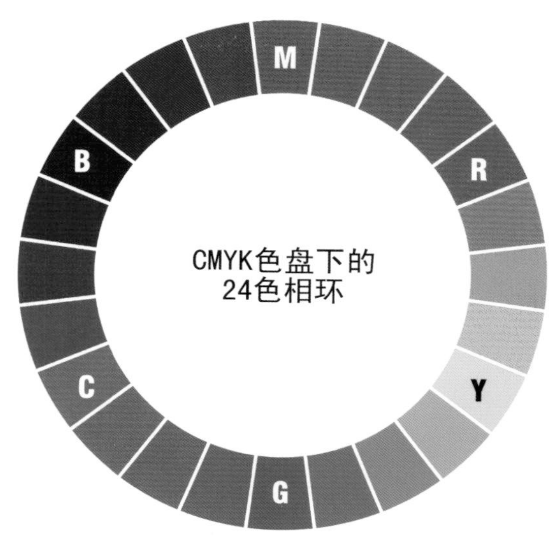

CMYK色彩系统（色料）
常见于打印机、绘画颜料、物料

1.11 色彩与光源

各种不同波光源的色彩表现（用钨平衡胶片在不同光源下拍摄）。

光源：日光

光源：钨丝灯

光源：卤素灯

光源：荧光灯

光源：日光、白炽灯、荧光灯和卤素灯的混合

■ 色彩的情感分析

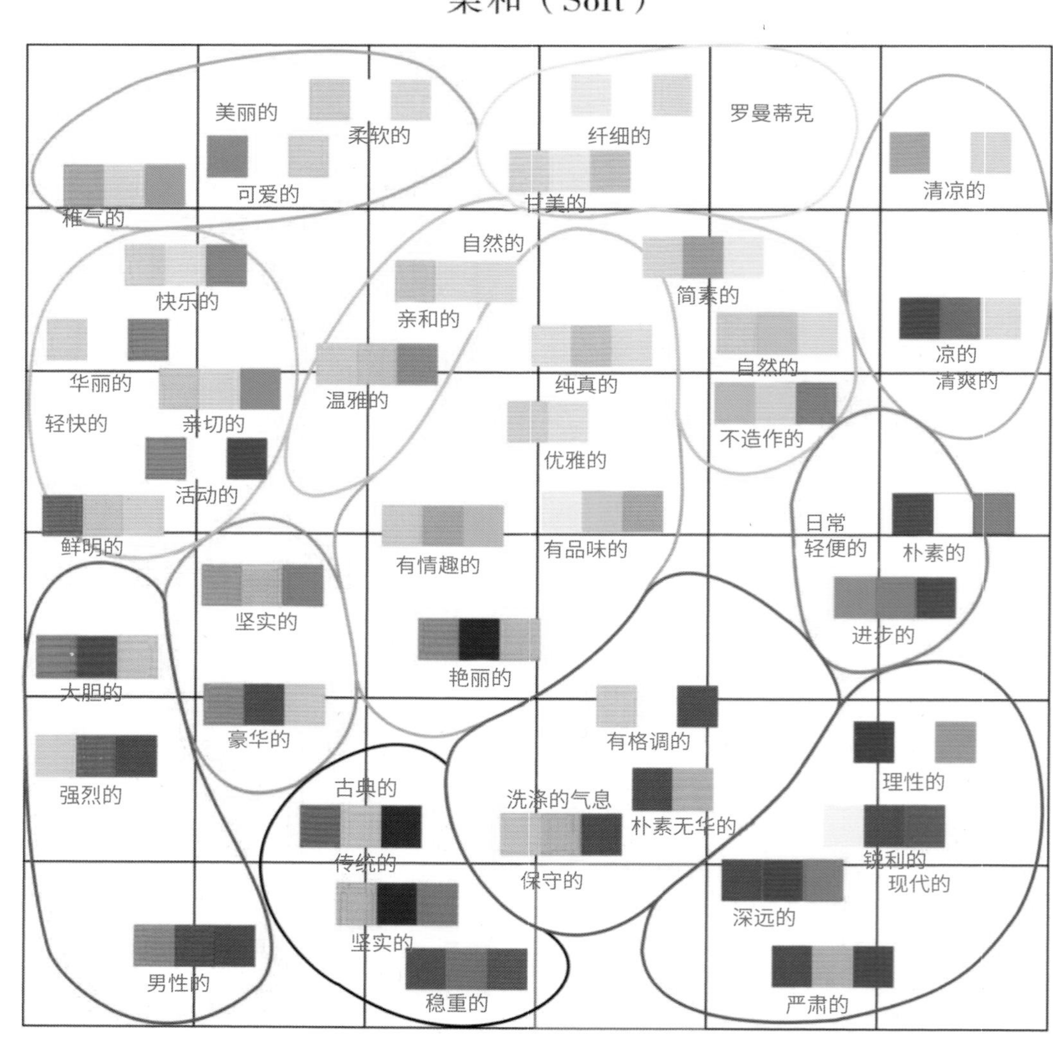
柔和（Soft）
强烈（hard）
暖色（warm）
冷色（cool）
美丽的
柔软的
可爱的
稚气的
纤细的
甘美的
罗曼蒂克
清凉的
自然的
快乐的
亲和的
简素的
华丽的
温雅的
纯真的
自然的
凉的
清爽的
轻快的
亲切的
优雅的
不造作的
活动的
鲜明的
有情趣的
有品味的
日常
轻便的
朴素的
坚实的
进步的
大胆的
艳丽的
豪华的
有格调的
强烈的
古典的
洗涤的气息
朴素无华的
理性的
传统的
保守的
锐利的
现代的
深远的
坚实的
男性的
稳重的
严肃的

1.13 色彩的感官体验

1.13.1 色彩的听觉体验

感觉	听觉及其相关感觉											
色彩	纯色			清色			暗色			浊色		
红	吼叫	热闹	呐喊	震动	情话	轻快旋律	低沉	嘶哑声		噪音	若闷声	嗡嗡声
橙	高音	嘹亮声	轰隆声	悠扬	明朗	呱呱声	浑厚	悲壮	咄咄声	呜咽	沉重	哄哄声
黄	明快	响亮	尖锐	悦耳	悠扬	哈哈声	回声	沉闷	喃喃声	昏沉	沙哑	
黄绿	清晰	轻快	清脆	轻柔	明细	婴儿声	迟钝	昏沉	叨叨声	沙沙声	慢板	唠叨
绿	平静	安稳		清雅	柔和		沉闷	稳重		阴郁	低沉	
蓝绿	清畅	安逸		清脆	飘逸		泉	松风		烦闷	溪流	嘿嘿声
蓝	嘹亮	和谐	优美	优雅	轻快	柔和	悠远	深远	稳重	沉重	超脱	呼呼声
蓝紫	刺耳	响亮	高原之声	尖叫	澎湃	呼叫	惨叫	严肃	恸哭	悲鸣	轰轰声	
紫	哑铃	幽深	古韵	柔美	含蓄的	乐曲	呱呱声	喳喳声	熏声	磁性声	呻吟	老人声
红紫	啁啾声	喤喤声	娇艳	哼声	嘻嘻声	娇柔	呷呷声	咀嚼	呼啸	哽咽	唏嘘	
白	宁静	休止	肃静									
灰	沙沙声	消沉声	无声									
黑	沉重	浑厚	幽深									

1.13.2 色彩的触觉体验

感觉	触觉及其相关感觉											
色彩	纯色			清色			暗色			浊色		
红	烫	热		温暖	酥松	丰满	铿锵	牢固		粗糙	坚硬	干燥
橙	温热	发烧	有弹性	暖和	平滑的	酥	厚	仿古	干燥	绒毛	砂土	不光滑
黄	光滑	光亮		柔弱	流动	绵绵	滑腻	垃圾	痒痒的	温湿	污点	脏
黄绿	细软	平滑		细嫩	薄	柔嫩	粗糙	磋磨		湿湿	粗俗	
绿	清凉	凉爽		轻松	平坦		生硬	阴凉		脏湿	阴森	
蓝绿	滑溜溜	活生生		清爽	细腻		潮湿	冷		滑润	黏稠	
蓝	流动	冰冷		舒松	凉爽	舒畅	滑滑的	光泽	硬	黏滑	粗硬	泥污
蓝紫	柔润	滑润		柔软	顺软		坚硬	硬 板	厚实	粘板	泥泞	泥污
紫	绒绒的	丰润		细润	软绵绵		毛绒	皱皱的	粗皮	灰尘	鲁钝	垢泥
红紫	毛刺	温润	玫瑰	滑嫩	粉粉的		地毯	痒痒的		呼啸	酥软	温度
瑰	滑嫩	粉粉的		地毯	痒痒的		铁锈	酥软	温暖			
白	清澈	光亮	平坦									
灰	灰灰	粗糙	无光泽									
黑	摸不着	失落之感	厚硬									

1.13.3 色彩的味觉体验

感觉	味觉及其相关感觉											
色彩	纯色			清色			暗色			浊色		
红	辣	甜蜜	糖精味	甜蜜	蜜	醇美	焦味	浓	茶	巧克力	五香味	腐朽味
橙	酸辣	甜	甜椒	甘	甜美	蜂蜜	苦浓	烟味	熏味	咸	杂味	反胃
黄	甘甜	甜腻		淡甘味	清甜	乳 酪	咸	醋苦	苦	浓	酸苦味	酵酸
黄绿	酸	未熟		酸甜	浓浓		酸醋	苦浓		酸浓	干腐	
绿	浓	酸浓		微浓	淡浓	香油	浓浓的	干浓		苦	苦浓	
蓝绿	清凉 可口	很浓		新鲜 美味	甜辣		苦浓	腐烂	咸	恶心	酸臭	
蓝	生浓	酸脆		清泉	淡水		油腻	呕吐		呕气	浊气	
蓝紫	甘苦	酸辣		碳酸	酸		坚硬	硬板	厚实	粘板	泥泞	泥污
碱		碱	晦涩	晦涩	苦臭	腐坏	发酵	皱皱的	粗皮	灰尘	鲁钝	垢泥
紫	酸甜	酸醋		淡酸	甘浓		臭油味	烟味	佳酿	焦盐	泥土味	
红紫	甜蜜	甘甜	香甜	花蜜	蜜乳		枣香	醇香	酱香	杂酱	椒	
白	味品	无味	平淡									
灰	水泥味	烟味	铅味									
黑	焦苦	焦味										

1.13.4 色彩的嗅觉体验

感觉	嗅觉及其相关感觉											
色彩	纯色			清色			暗色			浊色		
红	浓香	酸鼻	野香	艳香	幽香		腌味	浓郁	烧焦	恶味	霉味	腥味
橙	浓郁的	奇香		温香	淡香	酪香	腐臭	焦味	烤味	泥土香	郁香	
黄	芳香	纯香	甜香	清香	飘香	橄榄	浓香	酸楚	氨味	腐臭	异味	
黄绿	芬芳	清香		轻香	香嫩	儿香	干霉味	腐臭		臭霉味	乏味	药味
绿	新鲜	草香味		薄荷味	凉		毒气	窒息		污臭	恶臭	
蓝绿	香凉	果香		薄荷香	青草香		气闷	腐臭		发霉	呛鼻	腐朽
蓝	原野 之香	烈香		淡酸	药味	凉湿味	鱼腥味	臭味		霉湿	煤气味	锈味
蓝紫	浓烈的	幽香	芬郁	娇香	骚香		火药味	焦炭味		烂臭	煤气	
紫	娇香	浓烈的	香气	兰花香	香梅		蚊香	五香		腐酸	狐臭	
红紫	妖香	艳香		玫瑰香	雅艳 之香		腌渍味	腥味		腐臭	酱味	
白	桂花香	无香	清香									
灰	灰尘	夜来香	瘴气									
黑	煤炭	黑烟	墨香									
黑	焦苦	焦味										

1.14 有趣的色彩魔术

1.14.1 视觉残像

当我们长时间地注视一种饱和色后，视觉将会产生明显的残像。在日常生活中也会发生一些细微的残像。

如果你注视下图黄色圆形“A”一段时间，你会发现黄色好像开始变白或者色度减弱，很难继续凝视。将视线集中在黄色圆形中心的黑点上，保持半分钟，然后很快的扫视右边浅灰色的圆形“B”，会出现蓝紫色的圆形，并保持片刻。这种残像是由于视网膜疲劳而产生的。当那些对黄色敏感的视觉细胞因疲劳而不起作用时，另一些细胞被激活，就会看到黄色的补色。几乎每一种颜色都会产生残像，只是效果不像黄色那么明显。

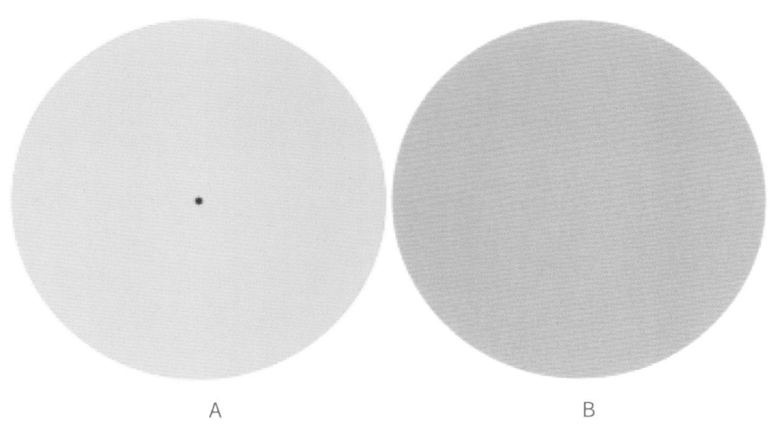

1.14.2 色彩的交界闪烁

在某些情况下，两种颜色的交界线会发生闪烁或者摇摆，这并不仅仅是因为它们之间的色彩对比强烈。当色样明度相同、纯度较高时，闪烁效果会更加明显。红色与其他的原色，如与蓝色或绿色相接时，会发生交界闪烁的现象。

1.14.3 色彩的前进与后退

油画《翼斑上的绒状物》体现了色彩前进与后退的理念。作品的面积要大于观赏者，画面醒目而厚实，用色鲜艳。作品的主要形态是正方形，透视并不作为创作元素。在这画布的舞台上，色彩和形态翩翩漫舞，这两个元素极大地吸引了观赏者的注意力。

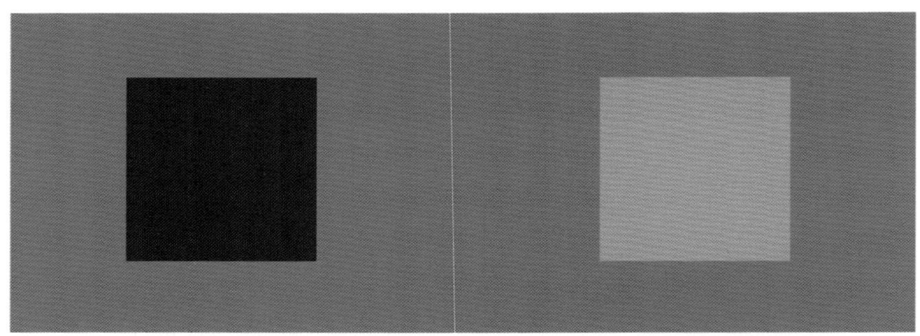

前进　　后退

1.14.4 色彩的环境色对比

下图的三种色彩对比关系中，三种颜色好像变成了四种。同时观察视域中的两个色样，面积小的色样受到对比影响较大而变化明显。如果左右来回地扫视色样，对比效果就不会那么明显。

我们可以用色相、明度和纯度这些简单的词汇来描述观察到的变化。在新的色彩环境中，色相是否发生变化?明度变深还是变浅?纯度变高还是变低?在不同的色彩关系中，这些色彩属性都可能发生变化。简而言之，就是前景色减去背景色，同时产生对比的效果。

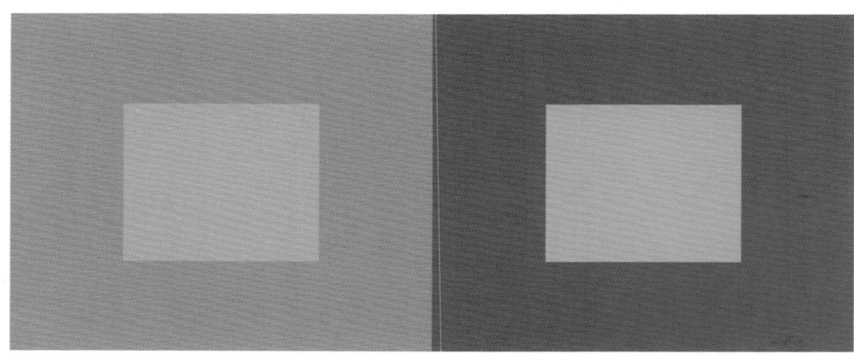

通过对比，三色在视觉上变成四色

如下图所示，在色彩对比关系中，两种不同的颜色变得相似，图的颜色是小正方形的真实颜色。背景弱化了它们之间的差异，使三种颜色变为四种颜色，受到背景色的作用也很明显。

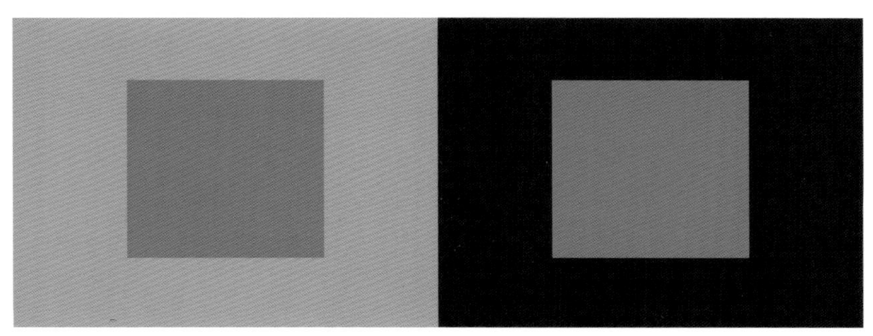

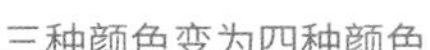

三种颜色变为四种颜色

小正方形的真实颜色

1.14.5 色彩的轻重

色彩的轻重感主要由色彩的明度决定。一般明度高的浅色和相冷的色彩感觉较轻，白色最轻。明度低的深暗色和色相暖的色彩感觉重，黑色最重。明度相同的情况下，纯度高的色感轻。

色彩的故事篇

2

2.1 红色

晓看红湿处
花重锦官城
唐·杜甫

等闲识得东风面
万紫千红总是春
宋·朱熹

停车坐爱枫林晚
霜叶红于二月花
唐·杜牧

青山依旧在
几度夕阳红
明·杨慎

2.1.1 红色的意义

激情、温暖与生命力。

红色是富有动感的颜色，它可以激发我们身体的活力。红色对情感的刺激比任何一种颜色都要强烈，可使人感到温暖和安全，但同时也具有大胆与威严的性质。也就是说，红色不仅可以触发自信感、力量感、生动感、热情和爱情，还可以激发欲望、激情、厌恶、恐怖、无节制的热情、情欲和过分的愤怒等情感。

红色可以刺激身体的感觉，有助于激发进取心、力量与勇气，在疲劳或忧郁时，贴近红色有利于增加力气，消除消极情绪。对于性格内向的人，红色有助于表达其思想。另外，若要给他人带来欲望强烈的印象，或者想坚持自己的主张时，红色也是非常有用的颜色。

与此相反，红色还可以诱发愤怒、欲望和冲动，如果在神经敏感或急躁时穿红色衣服或在周围大量使用红色，这时红色就会成为一种带有攻击性的色彩。

红色，是可见光谱中长波末端的颜色，波长为610~750 nm，是光的三原色和心理原色之一。

2.1.2 自然界的红色灵感

在自然界中，红色是成熟的象征，代表熟透了的果实。对于人类，红色又意味着生命、活力等。它还蕴含了奔放的力量，能加速血液流动，使人激情迸发。与火的关联，使它具有很强烈的性格，难以驾驭。

2.1.3 色彩花语

牡丹:圆满、富贵、浓情

被国人称为“花中之王”的牡丹,雍容大气,仪态万千。

鲜艳的红色令人联想到燃烧的火焰,有着向外喷发的能量,任何以牡丹的红色而点缀或者渲染的画面都会因此而更加生动。红色是一种生命的色彩,传递着激情、温暖、惬意和活泼的信息。红牡丹,原本就是富贵圆满的象征。

2.1.4 红色家族

2.1.4.1 宝石红

C20 M100 Y50
R200 G8 B82

宝石红给人以富足而
的印象，以贵重的宝石来命名可以说是恰如其分。
的热烈中潜藏着表现精神性的紫色，令这个颜色
的魅力更为突出。

2.1.4.2 玫瑰红

M95 Y35
R230 G28 B100

玫瑰红色彩透彻明晰，既包含着孕育生命的能量，又流露出含蓄的美感，华丽而不失典雅。

2.1.4.3 山茶红

M75 Y35 K10
R220 G91 B111

山茶红是很洗练的、成熟的粉色，柔和而美丽。

2.1.4.4 火烈鸟

M40 Y20
R245 G178 B178

身披浅色美丽羽毛的
鸟，那静静伫立的姿态，实在是既纯真又可爱。
淡淡的粉色，昭示着梦想与希望，以及无限扩展
能性。但也缺乏现实感，令人感觉“美梦易醒”。

2.1.4.5 朱红

M85 Y85
R233 G71 B41

朱红是比橙色更明亮的红色，这种从矿物中提取的颜料，有着悠久的历史。这种色彩很能吸引人的注意力，与日常生活的关系十分紧密。

2.1.4.6 品红

C15 M100 Y20
R207 G0 B112

品红由红色和紫色组合而成。由于兼具光谱两端的能量，给人很有个性的感觉，歌德在《色彩论》中就提到品红是让人无法拒绝的色彩。

2.1.4.7 绯红

M100 Y65 K40
R164 G0 B39

绯红是有着低明度、
效果的色彩。就仿佛是红色经过漫长时间与大
为一体，并深深根植于土地中。有着厚重的令
心的包容力。

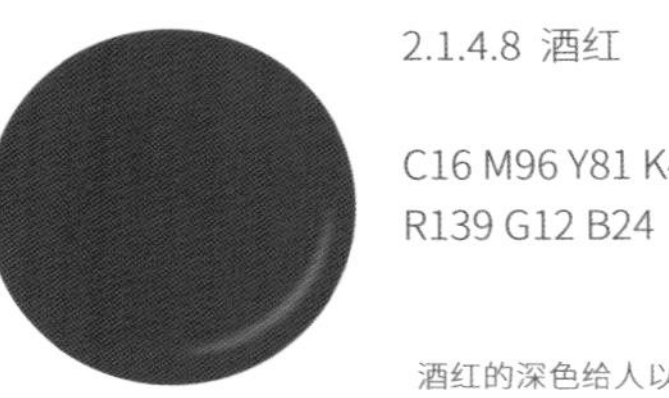

2.1.4.8 酒红

C16 M96 Y81 K45
R139 G12 B24

酒红的深色给人以不屈不挠的能量，坚韧而顽强，很具古雅气质。

2.1.4.9 洋红

M100 Y60 K10
R215 G0 B64

洋红是以昆虫为原料制作出来的动物性染料的色彩。橙色柔和了红色本身的强烈印象，表现出愉悦与活力。此种色彩，用以统合各种要素、充当主导色非常适合。

2.1.5 西方的红色文化

在西方，红色曾是贵族社会与皇室服装的颜色。12世纪，英国的亨利二世将“猎狐”定为王室的娱乐活动，同时红色也成了“猎狐”时的着装颜色。

另外，颁奖典礼上通常会铺设红地毯，这里红地毯代表了最真挚的敬意与最高级的礼遇。

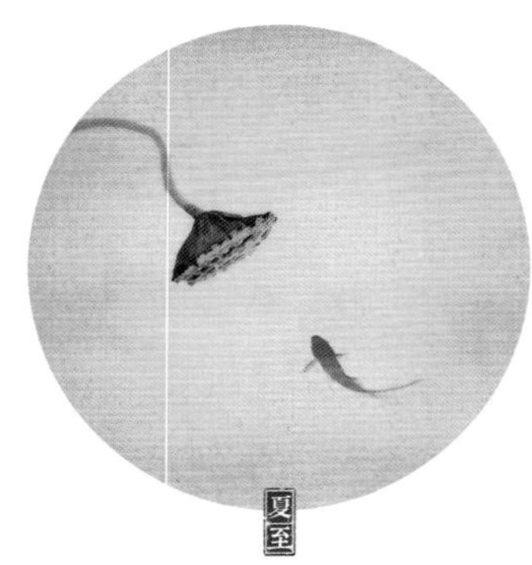

2.1.6 东方的红色文化

在东方大多数国家，红色都是比较喜庆和美好的颜色。韩国有句俗语“同价红裳”，意思是如果价钱相同，当然要选择更好的。在韩国的传统服饰中，绿衣红裳（浅绿色上衣配红色裙子）是年轻女性美丽衣着的象征，因而“同价红裳”也代表了一种价值取向。

在韩国等一些国家，红色在过去也是王族的颜色，所以规定普通百姓不得穿红衣、配紫色腰带，禁止使用金银。

由此可见，在等级森严的封建社会的制约下，红色是不能随意穿戴的颜色，因而红色中也蕴含了对上流阶层的向往。

红色深受中国人喜爱。在中国，红色象征着胜利、喜庆、吉利，比如红色中国结等。在中国，红色比较常见于节庆、婚娶时的装饰及衣物的色彩，中国的民俗中，只要逢喜事必定要沾上红色，挂红灯笼、红气球、红彩条等；在中国的某些习俗中，还有穿红色内衣裤、扎红结避邪的说法。可见，红色几乎是“中国色”。

成语“明若观火”意为像看火那样清楚，形容看事物十分明晰。由此可见，红色是火的象征。

红色在自然界中代表熟透的水果，但对人类而言，红色则被赋予了生命、年轻和鲜血等肉体与精神上的含义。

2.1.7 红色的感官联想

红色从视觉上给予人强烈的视觉冲击力。在疲劳或忧伤时，运用红色有助于增加力量，消除消极情绪；另外，若要给人带来强烈的深刻印象，红色有助于表达自己的思想，让自己能很容易被人记住。

2.1.8 红色的生理体验

红色也会对身体产生影响，如果周围布满了红色会导致血压升高、肾上腺素分泌增加、加速血液流动，使人迸发出激情。人在看见红色时，脑垂体会产生反应。化学信号会在极短的时间内由脑垂体传递到肾上腺，继而分泌肾上腺素。肾上腺素通过血液循环对新陈代谢产生影响，同时引发特定的生理变化。

由于个人恒定性的不同，每个人的反应时间也会有所差异，但在见到红色后通常都会出现如下的反应：

血压上升、呼吸急促、脉搏加快、血液流动加快，自主神经系统自动作出反应，味蕾变得更加敏感，食欲变得旺盛，嗅觉更加敏感。

红色和温暖一样给人以临近的感觉，临近意味着真实，触手可及。红色是物质的颜色，与其对立而且看起来较显遥远的是蓝色，蓝色是一种代表非物质、精神的颜色。

红色也常被作为花布用色，但最好是用于图案雅致的布料上。红色也常常应用于室内装饰中，给人以温暖舒适的感受。

红色受到男人和女人同等的青睐，约有20%的男人和20%的女人把红色列为最喜爱的颜色。只有2%的男人和3%的女人称红色是“我不喜欢的颜色”。

红色是一种男性的色彩。红色象征男性的力量、活跃和进攻性。

红色是积极主动的，红色处于运动之中，是动态的。

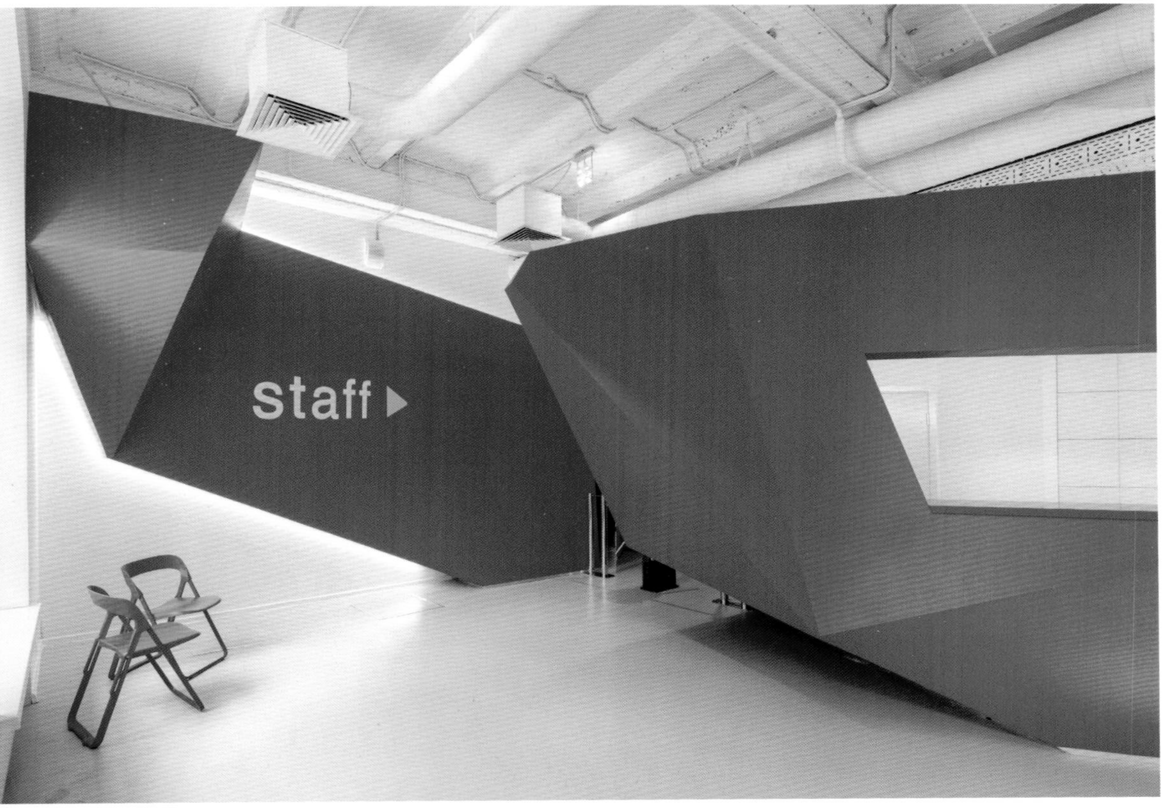
staff

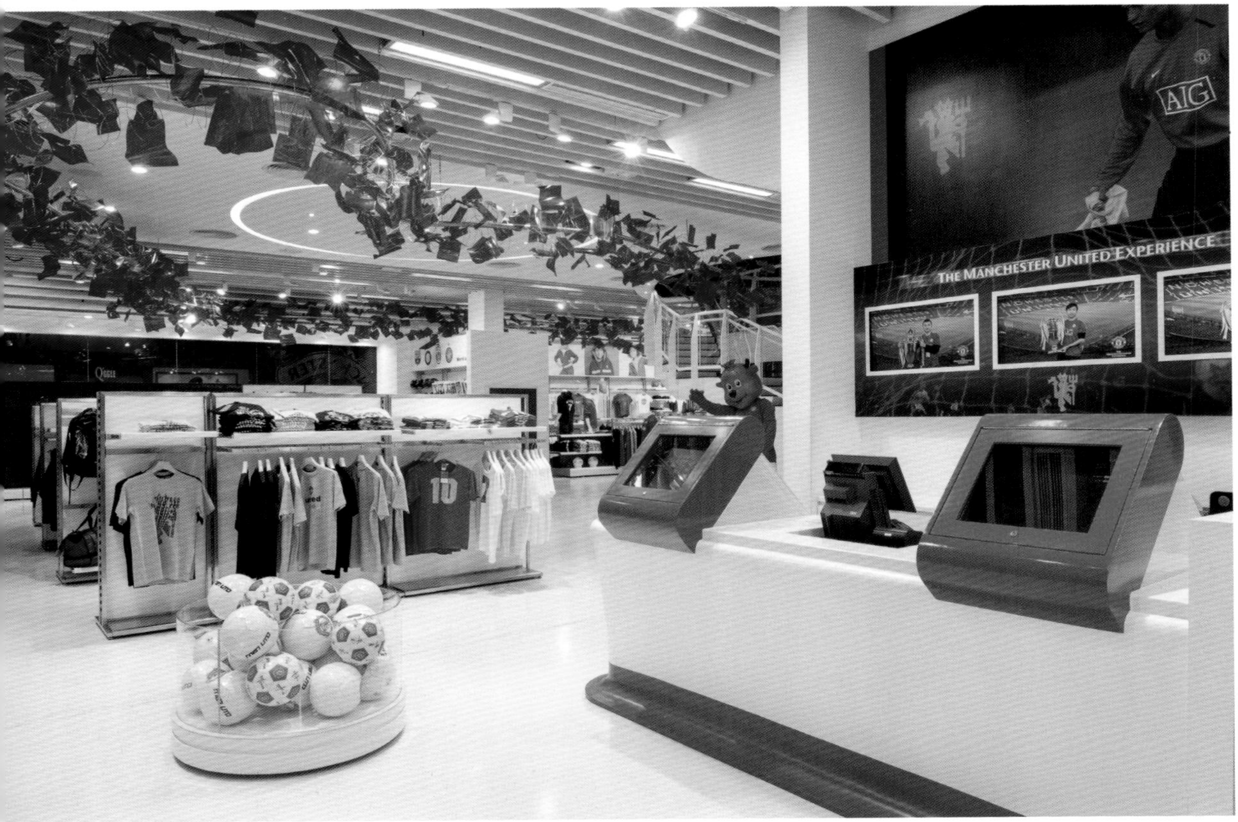
AIG
THE MANCHESTER UNITED EXPERIENCE

2.1.9 创造性的红色

被人们赋予警示意义的红色是不容替代的颜色，任何变动都会引起混乱。但是，红色作为信号色又常被错误使用。人们总是在广告、价目单等中将某段落或某个词印为红色，但实际上，红色文字比黑色文字难以辨认得多。因此，红色的运用也要谨慎。

红色与绿色的搭配是强烈而自然的色彩组合，如树上红透的苹果、绿草地上盛开的野花，这种鲜艳的配色即使应用在传统装饰中，也会绽放出绚丽的光彩。

红色是正面与负面的各种激情的象征色。红色代表司法。在今天，高等法官仍身穿红色的长袍，德国联邦管理法院的法官穿红色羊毛质地的长袍，联邦宪法法院的法官穿红色丝绸质地的长袍。

红色的价值通过其本身的魔力得到了提升。红色是旗帜最常见的颜色，一方面是因为红色的旗帜比较好看，另一方面是，因为旗帜必须特别耐光，而以前只有很少的颜料像胭脂红和西洋茜草的红色那么耐光。

色彩表现系统

CIE 表色系统（XYZ 表色系统）	CIE表色系统是1931年由CIE（国际照明委员会）制定的。1953年在日本被采用为JIS（Japanese Industrial Standards，日本工业标准）。用基于色光混合率的数值表示色彩。有曼塞尔（Munsell）体系和奥斯特瓦尔德（Ostwald）体系等主要表色系统和数值的互换性，普及面很广。由于还将相当于色光三原色RGB的色彩设想为XYZ，所以又叫"XYZ表色系统"。
曼塞尔表色系统（Munsell）	这是美国画家、美术教师曼塞尔设计的表色系统。作为用色相、明度、纯度三属性来表示色彩的物体色的标准，被美国和日本等国家广泛使用。现在在日本作为JIS标准色（有40色相合计2 069色的色卡）在市场上出售，主要被用在工作领域。因为色卡与曼塞尔值相对应，所以简明易懂，并且同时还兼具色彩尺度的机能，应用范围很广。
NCS（Natural Color）	瑞典工业标准。特点是将色彩原原本本作为心理现象记述下来，所有的色彩都用六种心理原色（白、黑、黄、赤、蓝、绿）的组合来表现。
DIN 表色系统	1964年由日本色彩研究所设计。特点是将色调概念体系化，结合色相和色调，色彩调和变得很容易。
色彩调和手册（Color Harmony Manual）	根据"所有色彩都是纯色和白、黑混合而成"的奥斯特瓦尔德理论，美国纸器公司CCA出版了名为*Color Harmony Manual*的色表集。由于实现了色彩调和的计划性选择而广受好评。
PCCS 表色系统（日本色研配色体系）	这是日本色彩研究所针对色彩教育和配色相而设计的实用性表色系统。以色相、明度和纯度为基础，色相由编号为1~24的24色相组成。明度采用了曼塞尔明度，纯度采取了0S、1S……9S的饱和度方式，其特征是，明度和纯度统称色调，由色相和色调两个要素组成色调系列。

2.1.10 软装色彩设计与物料色彩设计

家具材质　地毯材质　沙发布料

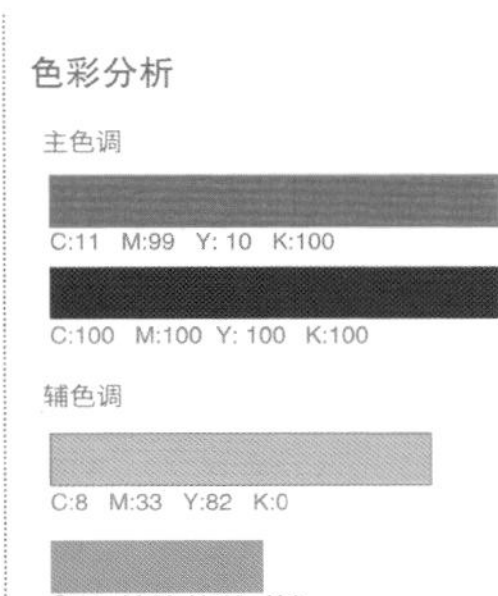

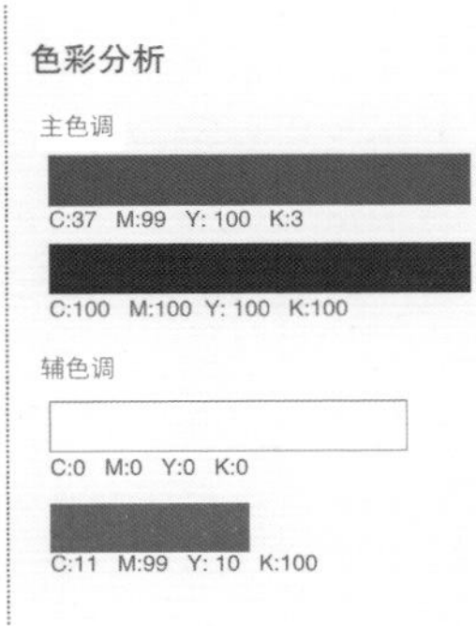

DRINK
Coca-Cola
IN
BOTTLES
Have a Coke

Kellogg's
CORN
FLAKES

粉霞红绶藕丝裙
青洲步拾兰苕春
唐·李贺
红粉青娥映楚云
桃花马上石榴裙
唐·杜审言
樱桃落尽春归去
蝶翻轻粉双飞
宋·李煜
宋玉愁空断
娇饶粉自红
唐·李贺
2.2
粉红色

2.2.1 粉红色的故事

如果在强烈而富有动感的红色中加入白色，就成了粉红色，同时色彩的形象也发生了戏剧性的转变，粉红色柔和而温馨，具有性感、软弱和女性的感觉，象征了少女与女性之美。在法语中，“rose”一词具有粉红色的含义。由于粉红色的少女形象中透着羞涩与单薄，容易唤起人们的同情心，同时又显得缺乏自信心，因而也常被看作没有热情的色彩。

粉红色优雅、甜美和细腻，富有女人味，几乎没有消极的象征意义。不过，粉红色却依然保留着性感的味道，因而有时也会让人感到肤浅、轻薄和幼稚，从而遭到人的拒绝。

积极意义：可爱、女人味 、羞涩、柔和、温柔。

消极意义：缺乏自信、浅薄、孩子气、幼稚。

粉红色代表最好的状态，即工作或生活处于巅峰时的状态，因此它常用来表示健康或富有，“玫瑰人生”就是这种象征意义的完美体现。

粉红色在心理上具有镇静效果，它可以给愤怒或遭受挫折的人带来平静与抚慰。此外，粉红色还可起到激发创造力的作用。

2.2.2 自然界的粉红色灵感

从早晨的云朵泛着的淡淡柔粉色到熟透了的覆盆子的饱满到近似于大红色的色泽，粉红色是自然界中最变化多端的颜色之一。不禁想到花卉商的货架上那一束束粉红郁金香和粉玫瑰，还有市场里粉色的芜菁、萝卜头和菊苣菜。

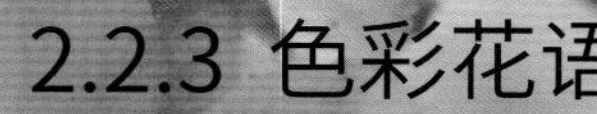

2.2.3 色彩花语

桃花：爱情

桃花属蔷薇科植物，原产于中国中部、北部，花语为爱情的俘虏。

中国历代吟咏桃花的诗句极为丰富，如：雨中草色绿堪染，水上桃花红欲然（王维《辋川别业》）；人面不知何处去，桃花依旧笑春风（崔护《题都城南庄》）；桃花一簇开无主，可爱深红映浅红（杜甫《江畔独步寻花》）；桃花乱落如红雨（李贺《将进酒》）；小桃花初破两三花，深浅散余霞（李弥逊《诉衷情》）……

纯度非常低的粉红色，具有小女孩的天真、浪漫等特性，亮度非常高，由于色彩非常娇嫩，较少在设计中大量使用。一般作为点缀色，可以有很好的效果。

2.2.4 粉红色家族

2.2.4.1 玫瑰粉（女人味）

M60 Y20
R238 G134 B154

玫瑰色的一种，融入了淡紫的粉色。玫瑰粉给人一种柔和的感觉，但因为象征着能量的红色中有光的存在，所以同时还具有力量的一面。这是一种可以表现女性外柔内刚的色彩。玫瑰粉中还包含着“宽大”“真爱”这些粉色的特质，可以给人一种精神上的温暖，让人产生一种幸福的感觉。

2.2.4.2 浓粉（娇媚）

M55 Y30
R240 G145 B146

浓粉，美丽而容易博得好感的色彩。浓粉少了红色的强烈而多了一份亲近感，但根据观者和场所的不同，也可以给人留下深刻的印象。根据使用方法的不同，它既可以表现华丽，也能彰显粗野，是一种复杂的色彩。色彩的浓厚可以显示出积极的力量，但在使用的时候也要注意不要破坏粉色优雅的印象。

2.2.4.3 珊瑚粉（温顺）

M50 Y25
R241 G156 B159

珊瑚粉是表现海中珊瑚的色彩，介于粉色与微红橙色之间。就如它的名字所显示的那样，让人联想起在清澈美丽的大海中簇生的粉色珊瑚礁，无垢而和平的珊瑚印象，让人不由得心平气和起来。

2.2.4.4 淡粉（雅致）

M30 Y10
R247 G200 B207

在象征着爱情的粉色中，淡粉显得尤为柔和明亮，散发着优雅的爱的气息。据说过去有很多恋爱的人都被这种明亮的粉色所吸引。使用这一色彩，会让人有一种被爱包围的柔软感觉。淡粉能给人爱与柔情的感觉，所以很适合用在婚典礼上。

2.2.4.5 贝壳粉（纯真）

M30 Y25
R248 G198 B181

“Shell”就是贝壳的意思。贝壳粉取自贝壳内侧的粉色。实际上贝壳内侧并不是粉色的，但是对着阳光看的话，就能看出淡淡的粉色。在这个因为光的“恶作剧”而产生的色彩中，仿佛有一种不可思议的细腻，还能感觉到粉色那种无条件的爱。

2.2.4.6 淡粉、婴儿粉（美丽动人）

M15 Y10
R252 G229 B22[illegible]

[illegible]

2.2.4.7 鲑鱼粉（有趣）

M50 Y40
R242 G155 B135

这个色彩名称从 18 世纪下半叶在西方开始使用，是一种让人联想到鲑鱼色的粉色。在众多取自动植物和矿物的色彩名称中，这个表现鱼身体色彩的鲑鱼粉，散发着一种幽默、开朗的气息。这种融入了橙色的鲜艳粉色非常适合日本人的肤色，所以在日本经常被用于各种流行场合。

2.2.4.8 红梅粉（浪漫）

C3 M31 Y15
R247 G198 B199

红梅粉取名自粉色的红梅，是纯度非常低的粉色，在表达上和其他粉色类似，也是一种象征着少女浪漫与梦幻的色彩。

2.2.4.9 少女粉（纯洁）

M17 Y11 K1
R253 G211 B225

[illegible]

2.2.5 西方的粉红色文化

粉红色是女性从出生开始的识别色。"Rosa(粉红色)"是一个世界性的女孩子的名字。

粉红色一般象征着精华与极致，如"the pink of perfection"(十全十美的东西或人)，"the pink of politeness"(十分彬彬有礼)；它又象征着上流社会，如"pink lady"(高格调鸡尾酒)，"pink tea"(上流社交活动)，"apink-collarworker"(高层次女秘书)。

2.2.6 东方的粉红色文化

粉红色是红色的一种变异，可以将其视为红色的一种应合或复归。桃花开在早春，是春天来到的象征。在中国，桃花文化丰富，如常把桃花比成美人，《诗经》中就有“桃之夭夭，灼灼其华”的比喻，此外粉红色又叫桃花色，唐代诗人崔护写下“人面桃花相映红”的诗句，以桃花与女人相比，究其根由，是女子为修饰自己而施用粉红色胭脂，脸色白里透红，可与美丽的桃花相比之故。还有将桃花当作情义的见证，比如千古佳话的刘备、关羽、张飞“桃园三结义”。此外，桃花运，表达了人们对爱情的向往，《三生三世十里桃花》是近年来一部红极一时的爱情剧。

2.2.7 粉红色的感官联想

淡粉色给人一种温暖的力量感，只要看一眼就会让人充满幸福的感觉。当工作不顺利时，看一看粉色，心情就会平静下来。粉红色是“糖果的色彩”，没有任何色彩比它更适用于甜品。人们在看见粉红色时会觉得它的口味是甜蜜与柔和的。它是一种代表享受的色彩。粉红色会让人联想到玫瑰的芬芳，这种香气给人的感觉同样是甜蜜与可爱。

2.2.8 粉红色的生理体验

粉色可以使人的内分泌系统更活跃，起到防止衰老，甚至可起到“返老还童”的作用。粉色不仅可以使人看起来更年轻，还可以使人心情舒畅、容光焕发。粉色可以使紧张的肌肉松弛下来。

2.2.9 创造性的粉红色

当粉红色与不相匹配的表现形式相结合时，最能引起人们的注意。

要想设计出引人注目的艺术形象，可以把粉红色与违背常规的设想联系在一起。

当粉红色表现为不拘形式的色彩时，可将它与人们感觉不可能与粉红色组合的色彩组合在一起，将产生一种全新的效果。

2.2.10 软装色彩设计与物料色彩设计

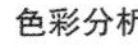

色彩分析

主色调

C:34 M:27 Y: 25 K:0

C:11 M:47 Y:24 K:0

辅色调

C:0 M:0 Y:0 K:0

C:23 M:28 Y: 38 K:0

地面材质

沙发材质

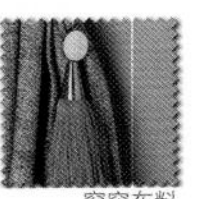

窗帘布料

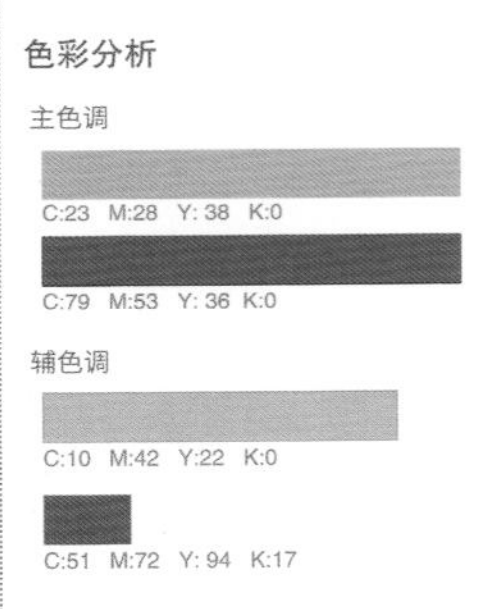

色彩分析

主色调

C:23 M:28 Y: 38 K:0

C:79 M:53 Y: 36 K:0

辅色调

C:10 M:42 Y:22 K:0

C:51 M:72 Y: 94 K:17

地面材质

沙发材质

窗帘布料

PARISIAN

THANK
YOU

2.2.11 粉红色摘语

(1) 8%的女性认为粉红色比其他任何色彩都美丽。几乎同样多的人，即7%的女性完全拒绝粉红色。男性中只有2%的人把粉红色列为喜爱的色彩，但12%的男性将它列为不喜欢的色彩。

(2) 温柔的颜色：粉红色具有柔和的感情，它是温柔的色彩。爱情的红色会向两面转化，与粉红色相结合则为纯洁的情感。

(3) 娇嫩的颜色：粉红色不是效果强烈的色彩。它是弱化的红色、美化的白色。它是由男性的红色与女性的白色构成的混合体。红色是高大和强壮的，粉红色是弱小和娇嫩的。白色冰冷，粉红色则柔软、顺从。

(4) 粉红色与绿色的组合：纯真的粉红色。绿色是代表植物生命的色彩，红色是代表动物生命的色彩，粉红色是象征幼小生命的色彩。在粉红色和绿色的色彩组合中，所有关于生长的因素统一在了一起。

粉红色所占的比重越大，有关纯真特性的比重则越高。如果绿色占优势地位，则着重强调的是繁荣兴旺。粉红色和绿色，象征年轻、新鲜、令人愉快。

(5) 粉红色的效果极端地依赖于它周围的色彩。同一种粉红色与不同的色彩组合在一起，产生的效果也会截然不同。粉红色和红色在一起会显得红一些；和黄色在一起则显得温暖一点；和蓝色在一起便显得冰凉。

(6) 粉红色本身是由一种炽热的色彩和一种冰冷的色彩混合而成，象征着妥协、顺应的特质。

(7) 粉红色与褐色的组合：舒适的粉红色像所有的暖色一样，让人联想起圆满的事物。当粉红色与男性的色彩如褐色组合在一起，它便会失去柔弱的特征，变为一种舒适和安全的色彩。

(8) 喜欢粉色的人性格稳重、温柔，大多都是和平主义者。其中，喜欢淡粉色的人不仅具有高贵典雅的气质，还很会照顾他人。喜欢深粉色的人则在性格上比较接近喜欢红色的人，有活泼热情的一面。粉色是恋爱之色，人在恋爱时倾向于喜欢粉色。

一年好景君须记，正是橙黄橘绿时
宋·苏轼
并刀如水，吴盐胜雪，纤手破新橙
宋·周邦彦
罗袜钿钗红粉醉，曲屏深幔绿橙香
宋·陈克
红绡帐里橙犹在，青琐窗深菊未收
宋·程垓

2.3 橙色

2.3.1 橙色的故事

活泼、喜悦和醒目。

橙色是红色与黄色的混合色，它综合了两种颜色的特点，兼有活泼、华丽、外向和开放的性格。橙色有时也充当了链接两种颜色的纽带，将热情与直观联系在一起。

橙色中不含过于认真、沉重与憋闷的元素，它象征了喜悦、快乐、轻快和太平无事，有利于缓解紧张的情绪。

橙色又称橘色，是电磁波的可视光部分中的长波部分，波长为590～610 nm。在自然界中，橙柚、玉米、鲜花、果实、霞光、灯彩等中，都有丰富的橙色。橙色在空气中的穿透力仅次于红色。

LOUIS VUITTON · 100 LEGENDARY TRUNKS

橙色充满了朝气，令人心情愉悦。橙色还具有很强的生命力，在赋予人们智力的同时，它还可触发人的创造性与抱负感。此外，橙色还能激发人的自豪感，唤起对自身以及他 人、动物、植物及周围物体的保护意识。

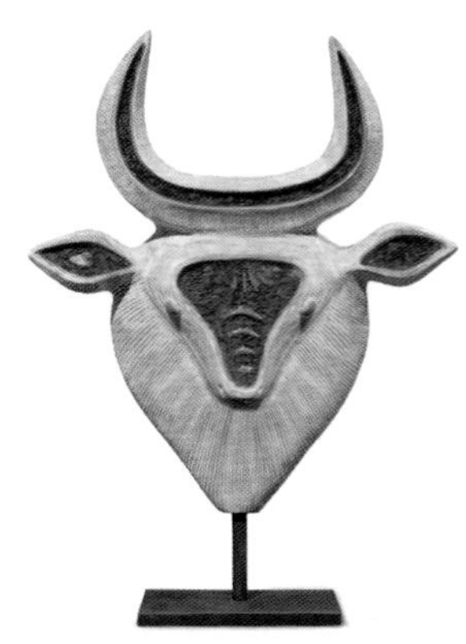

2.3.2 自然界的橙色灵感

橙色是日落的颜色(清晨的象征色是粉红与紫色),展现出美丽壮观的风采。

橙色通常可以渲染浪漫的氛围,使人联想起明媚的阳光、热带的水果和异域的花卉,给人以舒适与放松之感。在日落时分,面对橙色的晚霞会让我们感到心情舒畅。

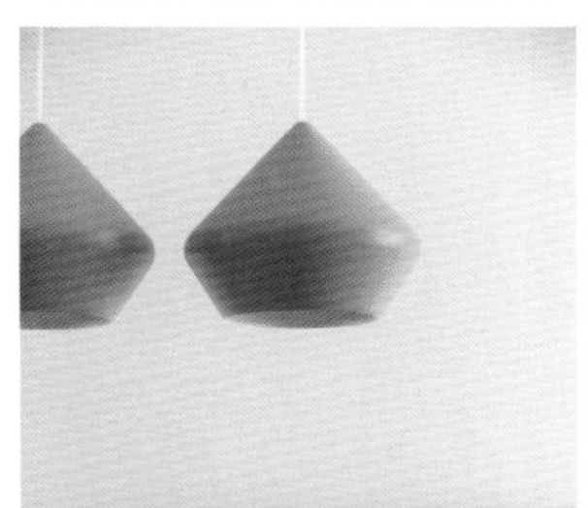

2.3.3 色彩花语

君子兰

这是橙红的色彩，明亮醒目，代表着韵律、活力和朝气，这种色彩的亮相，通常能使画面显得富丽亮堂，倘若将此色彩的纯度略微降低，可以展现出沉稳而有韵味的感觉。

2.3.4 橙色家族

2.3.4.1 香橙

M80 Y90
R234 G85 B32

香橙鲜明的色彩令人感觉明快、活泼与振奋。

2.3.4.2 橘黄

M70 Y100
R237 G109 B0

橘黄通常寓意着喜庆。英文名称为“orange”，既有着能让人们振奋的力量，又能点亮空间。

2.3.4.3 太阳橙

M55 Y100
R241 G141 B0

太阳橙英文名为“Sun-orange”，给人带来健康活泼印象的同时，还能让人联想到丰富的果实。

2.3.4.4 热带橙

C5 M51 Y80
R243 G152 B57

有着柔和色相的热带橙，缓和了运动的能量，给人温暖稳重的感觉。也能让人联想到轻快的动作。

2.3.4.5 蜜橙

M30 Y60
R249 G194 B112

蜜橙为偏黄的橙色，明亮而轻快。轻快的印象给人以动感的同时，也表现出不安稳的一面。搭配稳重的色彩一起使用效果会比较好，可以表现出快乐和幸福的感觉。

2.3.4.6 浅茶

M15 Y30 K15
R227 G204 B169

浅茶是一种很低调的色彩，可以随意使用而不妨碍其他色彩。

2.3.4.7 椰棕色

C29 M48 Y91 K12
R178 G131 B40

椰棕色表面看很安定，隐约又有一些动感。这种似是而非的微妙变化正是这种色彩的魅力所在。

2.3.4.8 驼色

C10 M40 Y60 K30
R181 G134 B84

驼色是像骆驼皮毛一样的色彩。像在沙漠中缓慢穿行的骆驼一样，感觉坚实而平稳。

2.3.4.9 杏黄

C10 M40 Y60
R229 G169 B107

杏黄是一种色相柔和并容易亲近的色彩。“Apricot”这个名字的发音，也有一种喜悦和丰富的感觉。橙色特有的乐天、愉快、开朗，再加上天真烂漫的孩子般的无邪，让人不由得平心静气，面带笑容。

2.3.5 西方的橙色文化

橙色是埃及的太阳神拉(Ra)勇猛的女儿的象征，同时也是狮头女神赛克梅特(Sekhmet)的象征。在古埃及和犹太神秘主义的传统思想中，橙色是壮丽的象征。另外，许多古代学者认为，亚当与夏娃在伊甸园中受到诱惑而偷吃的“分辨善恶树”上的果子就是橙色的。

橙色属于前进色，它可以让宽敞而朴素的房间变得温馨愉悦，营造出舒适惬意的氛围，由于橙色具有爽朗的特征，它可以使人感到放松与安定，因而这种色彩设计非常适于传统餐厅或田园风格的厨房中。

2.3.6东方的橙色文化

橙色作为变迁的颜色因而是代表中国哲学的色彩。佛教中橙色是代表彻悟的色彩，这是佛教思想中人类完美的最高境界，因此橙色也是佛教的象征色。印度的国旗中有橙、白、绿三色，在此橙色意味着勇气和牺牲精神。另外，橙色之所以在印度是最被看重的色调，还因为它接近印度人的肤色。印度的图画中神灵和统治者的皮肤都被画成发光的橙色。

橙色有时也用来表现在不奢华及有束缚的环境中享受幸福自由的生活，尤其是在中国的传统中，橙色是爱情与幸福的象征。

D
M
K
N

2.3.7 橙色的感官联想

橙色是让人感到舒适和放松的色彩，在视觉上不如红色有冲击力，但也充满了朝气，触发人的创造力与抱负感。在激发人类情感方面有很大的作用，因而在生活中遇到难处时，可以利用橙色来发掘自己体内的热情，获得自信与愉悦。然而，独断专行的人不适合使用这种色彩，因为它具有自以为是等特征。

橙色是多种水果与蔬菜的颜色，它被称为“营养的颜色”。实际上，在所有颜色中，橙色与朱红是最能刺激食欲的颜色。

橙色的水果也都含有特定的象征意义，如橘子象征喜忧与太阳的力量，杏象征埃及女王的纹章。

橙色与注重饮食、居住环境及温暖、舒适和安全的“第二生存本能”也有着十分紧密的联系。橙色还可以发掘人类潜在的情感，给人以舒适感与亲近感，因而它在城市的商业招牌与设计营销等领域也得到了积极的应用。另外，在狭窄的场所或拥挤的快餐店，也常用橙色作为室内的装潢用色。

2.3.8 橙色的生理体验

橙色可以刺激食欲，调节中枢，使食欲变得旺盛。

如果将暖色中的橙色与冷色中的蓝色搭配，则有助于增强安定、宁静和沉着等情绪。

可使人困乏，有助于入眠。

可降低血液循环速度。

可刺激免疫系统，有助于治疗。

2.3.9 创造性的橙色

橙色属于间色，无论是哪种色调，都能与它协调搭配。如果将赤褐色与温暖的绿色组合在一起，可以得到非常自然舒适的效果。

如果在居住空间中采用橙色与明亮的蓝色、黄色和紫色的色彩组合，可营造出极其现代的氛围。这种空间会给人一定的动感，适于邀请亲朋好友欢聚，或者用作年轻人共同生活的房间。

2.3.10 软装色彩设计与物料色彩设计

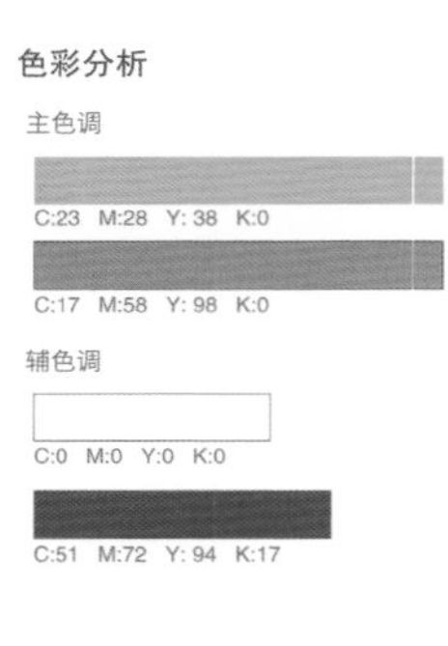

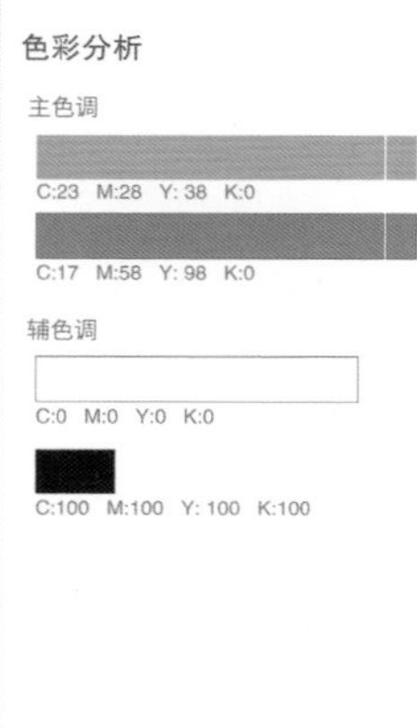

ROLLS BOY

57**+ **Bright Reef 48 Pc Paper Placemats Book** Includes 6 life Designs - Paper (16" W x 11" H) Min 12 pcs

30*> **Reef Set of 4 Coral Sculptures on Glass Stand** Includes 4 Design/Colors: Yellow, Orange, Pink, Blue - Cold Cast Porcelain/ Glass (from 9 ½" W x 9" D x 4 ½" W to 10" W x 7" D X 12" HW) Min 1 set

2.3.11 色彩小故事：衣服的色彩可以改变心情

衣服的色彩可以改变你的心情，您有过这种体验吗?如果穿上平时不怎么穿的红色衣服，就会觉得心里不安；特别疲劳的时候会不由得想穿绿色的衣服等。

衣服的色彩也一样，对我们的身体有各种各样的影响。每天都穿同一色彩的衣服，摄取的能量就会变得单一。应该配合心情改变衣服的色彩，比如想打起精神来的时候就穿暖色系，想放松的时候就穿冷色系或者浅色的衣服。

而且衣服的色彩，也是向他人传达自己的个性和印象的重要媒介。根据场合选择衣服色彩是很重要的，比如想表现文静一面的时候就穿冷色系，想表现积极和自信的时候就穿活泼色彩的衣服等。

参考资料：野村顺一，增补色之秘密：最新色彩学入门[M]. 东京：文艺春秋，1996.）

2.4 黄色

言入黄花川
每逐青溪水
唐·王维
两个黄鹂鸣翠柳
一行白鹭上青天
唐·杜甫
诗家清景在新春
绿柳才黄半未匀
唐·杨巨源
淑气催黄鸟
晴光转绿苹
唐·杜审言

2.4.1 黄色的意义

黄色是反射率最高的颜色，它具有轻盈、明亮、大胆和外向的性格，象征完整的灵魂、和平与休息，是代表阳光、年轻、喜悦和快乐的颜色。喜爱黄色的人明朗而浪漫，与实践相比，他们更热衷于理论与思考，具有向往成功、善于社交的性格特点。

可给人以亲近感，能够在短时间内吸引人的兴趣，在获取帮助时也会起到很好的效果。另外，黄色还可以保持关注与紧张的状态，暗示崭新的事情，如果在具有创造性或者宣传销售产品的行业中使用，有利于引起人们的关注。

穿鲜黄色的衣服或在周围大量使用黄色，可将精力集中在当前的问题上，并能消除优柔寡断的情绪。感到孤独或无法与他人建立深厚的感情时，使用鲜艳的黄色会有很大的帮助。

黄色是由波长介于570~585 nm的光线所形成的颜色，红色与绿色光混合可产生黄光。黄色的互补色是蓝色。

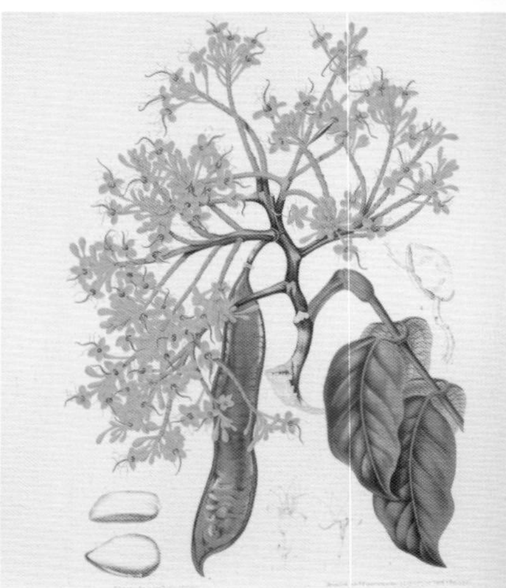

2.4.2 自然界的黄色灵感

黄色是富有与财富的象征，是春天的迎春花、雾霭，秋天里丰收的庄稼和耀眼的太阳的颜色，而金黄色在黄色的象征意义上达到了极致。

人们把通用于太阳的经验加以普遍化后变为黄色的象征效果。黄色作为太阳的颜色其效果是明朗的。乐观主义者有阳光般的性格，黄色是他们的象征色。黄色和橙色及红色组合在一起是有趣、愉快和外向的色调，象征着生命的喜悦。黄色、蓝色和粉红色等不明艳的色彩组合在一起时是代表友好的色彩。

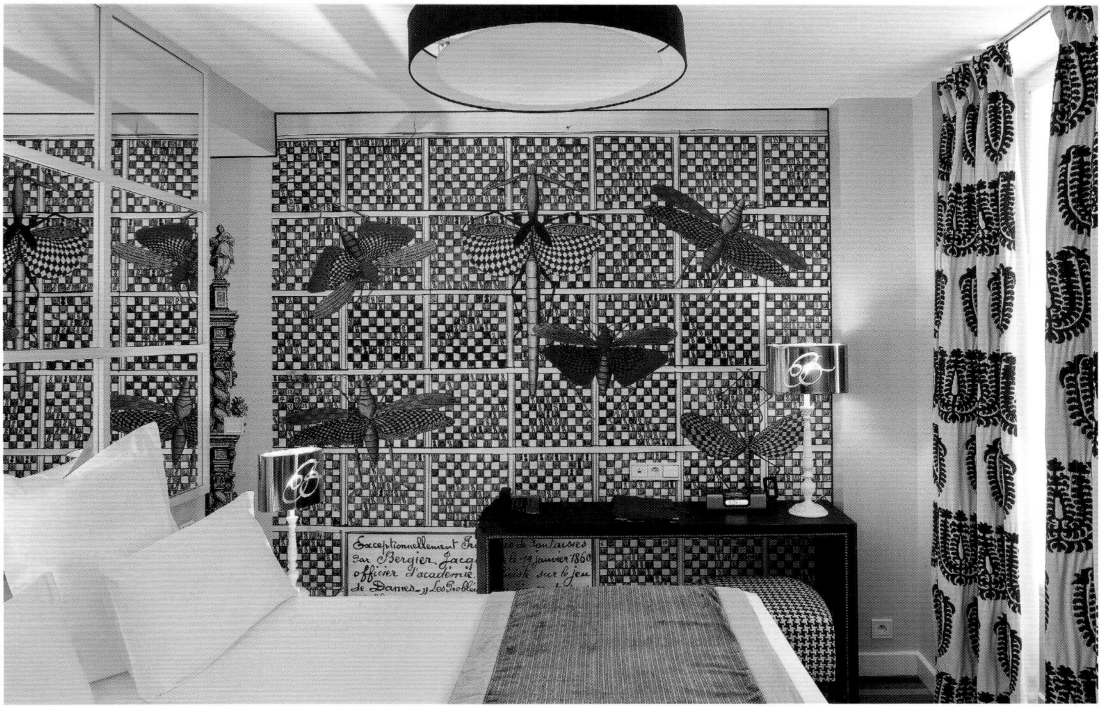

在室内装饰中，如果采用黄色墙纸，即使房间没有阳光照射，也可以展现出明亮舒适的氛围。

黄色是5%的男性喜爱的色彩。但同样多的男性把黄色列为最不喜欢的色彩。女性中有4%的人喜欢黄色，6%的人把黄色列为最不喜欢的色彩。

DEL
Circulus
zodia
Tropicus
Tropicus Capricorni
Arcticus

黄色似乎来自天空，是彩色中最轻的色彩。一间房屋用黄色的天花板做装饰会令人产生亲近的感觉，就像阳光在流淌一样。

2.4.3 色彩花语

金盏菊：迷恋、守护、离别

这个色彩的名称源自原产于南欧的金盏菊，在英美是很受欢迎也很传统的色彩，它是强烈而温暖的。黄色，能让人联想到黄金。所以金盏菊象征着丰富、光辉和美丽，因为融合了红色的个性，所以冲击力强，也更突显了黄色的幸福感。

2.4.4 黄色家族

2.4.4.1 金盏花

M40 Y100
R247 G171 B0

金盏花这种色彩给人以华丽明亮之感。

2.4.4.2 月亮

Y70
R255 G244 B99

这个色彩的特点是，有着清晰明亮性质的同时，却不会太过强烈和耀眼，给人一种安静的印象。表现可爱和纯真之外，又展现出黄色的智慧和理智。

2.4.4.3 茉莉

M15 Y60
R254 G221 B120

这种黄色有着很温柔的气质，是一种令人放松的治愈性色彩。

2.4.4.4 铬黄

M20 Y100
R253 G208 B0

铬黄是从 Chrome 颜料调制出来的鲜艳黄色。出现于 19 世纪的铬黄，使绘画界终于可以表现鲜艳的黄色了。想必梵高《向日葵》中的黄色也是用这个色彩描绘出来的吧。

2.4.4.5 象牙色

C10 M10 Y20
R250 G229 B209

淡淡的灰黄色显得很低调，容易和其他色彩搭配，营造简朴却极具气质的效果。

2.4.4.6 香槟

Y40
R255 G249 B177

像香槟的泡沫一样会轻轻裂开的轻快色彩。象征着理智和幸福。这种色彩非常清晰、干净，凸显黄色具备的智慧光芒。

2.4.4.7 金合欢

C10 M15 Y80
R237 G212 B67

金合欢是巴西产的金合欢花的一种，进口到法国以后就被命名为 Mimosa，并成为色彩的名称。受橙色的影响，体现出活力和生机勃勃的跃动感。

2.4.4.8 芥子

C20 M20 Y70
R214 G197 B96

芥子这个色彩名称，能让人联想到辛辣，但实际上它的色相可以给人一种悠闲的印象。日本称这个色彩为“芥子色”。芥子色极易与其他颜色搭配。

2.4.4.9 卡其

M30 Y80 K40
R176 G136 B39

卡其色给人以沉稳的印象，通过独具匠心的配色，可以表现出精致考究的效果。

2.4.5 西方的黄色文化

黄色在许多国家都被视为权力与财富的象征，但很多时候，又有着相反的注释。古代，被怀疑发生了传染病的船只在接受检疫时，需要插上一面黄旗。在大革命时代的法国，被认为是新政权叛逆者的家门口也被刷上了黄漆。在过去的几个世纪中，黄色又与有害印刷品联系在了一起，“黄色报刊”等被意指低俗、色情的刊物。另外，黄色玫瑰花也带有嫉妒、消极的花语。

黄色是成熟的色彩，也被美化为金子的颜色，如金色的穗、金色的果实、金色的树叶、金色的秋天。

黄色有最佳的远距离效果，它无论日夜都与天空的颜色大相径庭。黄底黑字的交通指示牌就是一种最佳着色的体现。因黄色有最佳的远距离效果和醒目的近距离效果，而成为国际通用的警示色彩。

2.4.6 东方的黄色文化

黄色在中国古代是高大上的色彩，是皇室“天子”所用的颜色。龙袍、凤冠等均为黄色，意味着绝对的权力 荣耀。

2.4.7 黄色的感官联想

当人们的视线接触到黄色时，会直接刺激心理，激发人的乐观情绪以及创造力。因此，黄色能让人有目标感，消除优柔寡断的情绪，有利于清晰理智地思考。对科学家和研究学者等需要集中精力的人而言，黄色是非常有用的颜色。在心理学上，也有根据人的不同特性将人划分为不同的色彩性格，其中黄色人格代表着非常正面积极的、有目标感的人格，这类人与其他色彩的人格相比更容易成功。在意志消沉的时候，穿黄色服饰，也是一种转换心情与应对困难的好方法。然而，如果过度使用明亮的黄色，会对内心与神经造成过度的刺激，使人产生焦躁感。

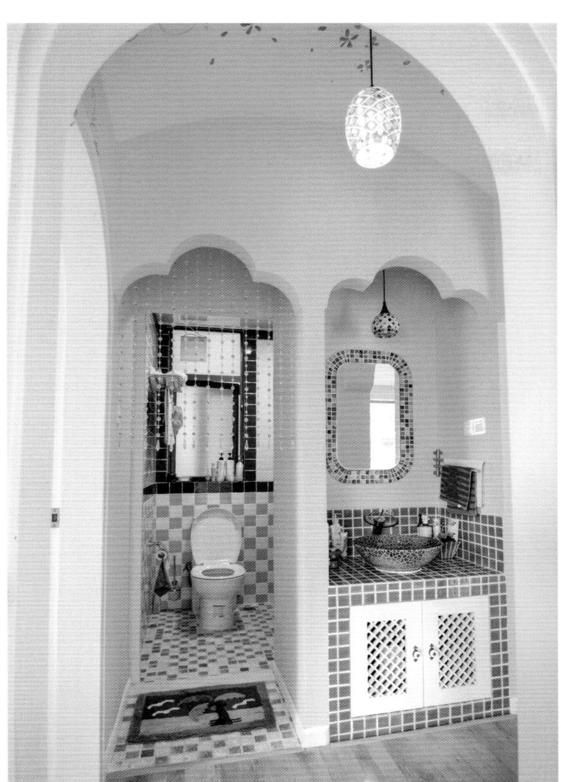

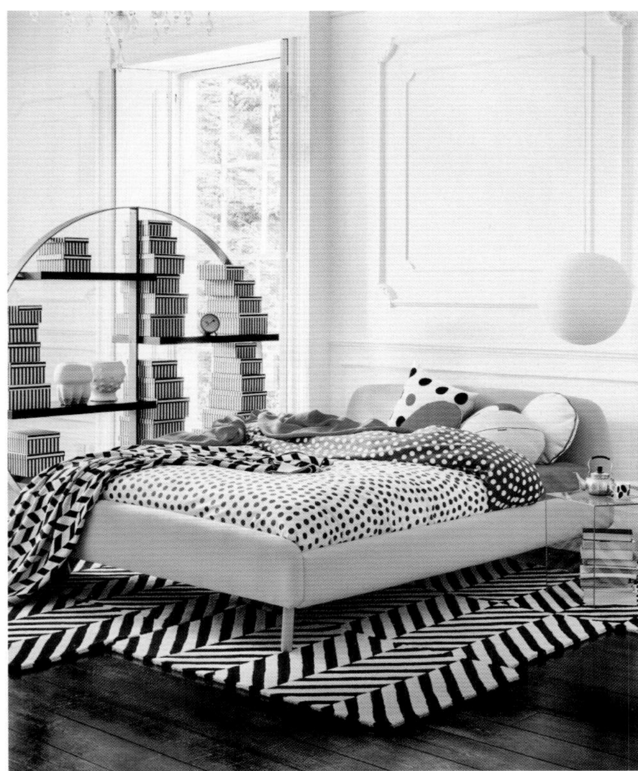

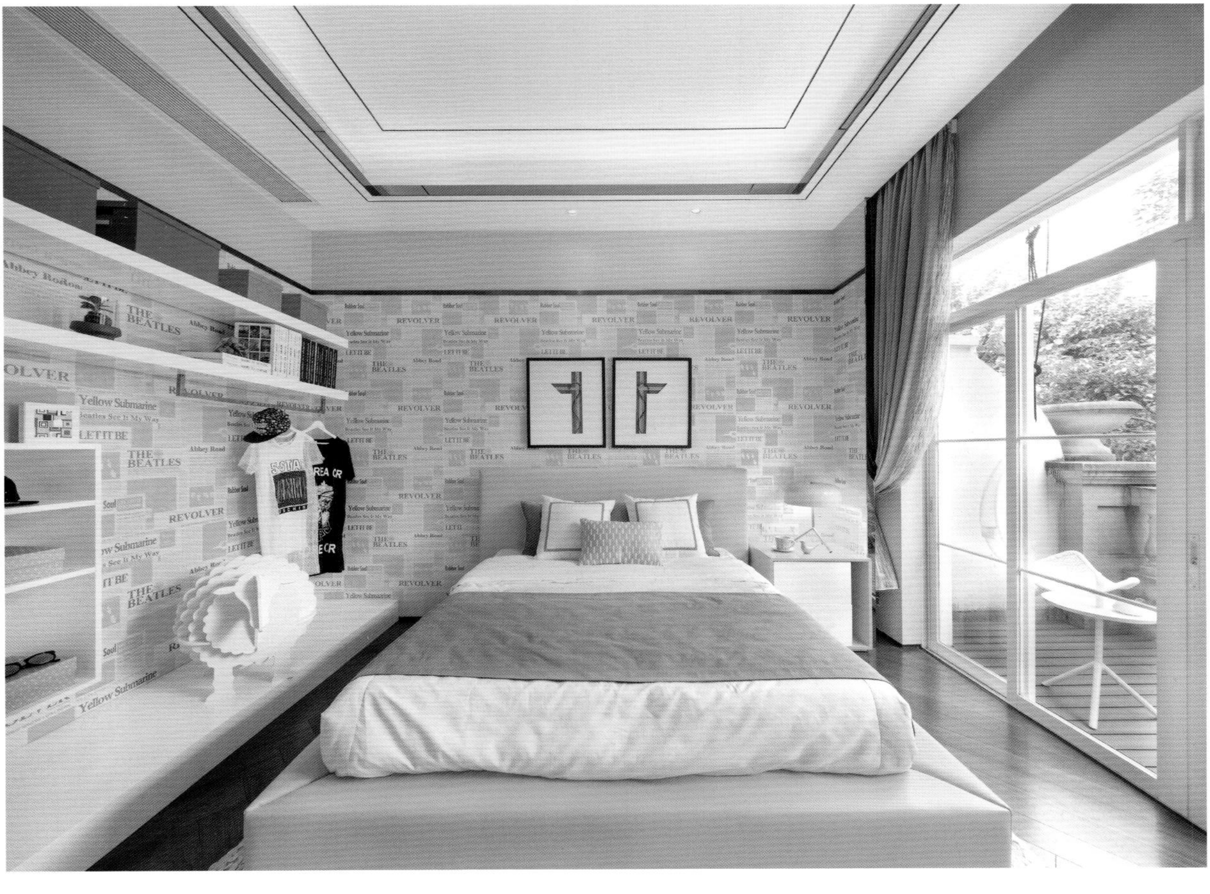
REVOLVER
THE BEATLES
Yellow Submarine
LET IT BE
Abbey Road

黄色在自然界中十分常见，田园风格的装饰就是在整体空间中使用以黄色为基调的花布，如果应用春天花坛中的颜色作为配色的色谱，则会散发出自然的气息。

若敞开心扉，默想黄色，会有助于激发心理活动与创造性的灵感，展开新颖而独到的思考。

黄色更象征着精神的顶峰，与崭新、乐观、优秀、充实等密切相关。

2.4.8 黄色的生理体验

黄色可以减轻失望感，激起人的喜悦、愉快、智慧和认识，给人以明亮温暖的感受。

在黄色系中，浅黄使人舒适，深黄却使人感到憋闷与不适，而金黄则可激发人的同情心与创造性。

黄色可以给人体带来以下影响：

对神经疾病、抑郁症和疲劳有缓解作用；可促进激素分泌，产生能量；可活跃运动神经。

黄色与黑色的搭配能使人本能地产生戒备心理，过度使用黄色会增加压力，使人产生焦躁感与紧张感。

2.4.9 创造性的黄色

许多食品是黄色的，因此黄色在食品宣传中有着较多的运用。黄色在香水中的运用也很广泛，它能使人们感觉安全。不过，紫色的香水似乎更能彰显个性。有时，当人们要表现某些黄色的实物时，却会用别的色彩代替，比如烛光，为了达到更加神秘鬼魅的效果，蜡烛发出的光被描绘成绿色或蓝色。

黄色激发人的创造性与乐观性，增进智慧、理解力与直观洞察力。

如同向日葵始终朝向明亮耀眼的太阳，黄色本身也可以让心态变得乐观，给人留下快乐的回忆。

黄色是意义相互矛盾的颜色，从经验中产生的象征意义是积极的：象征太阳、光明和黄金。

2.4.10 软装色彩设计与物料色彩设计

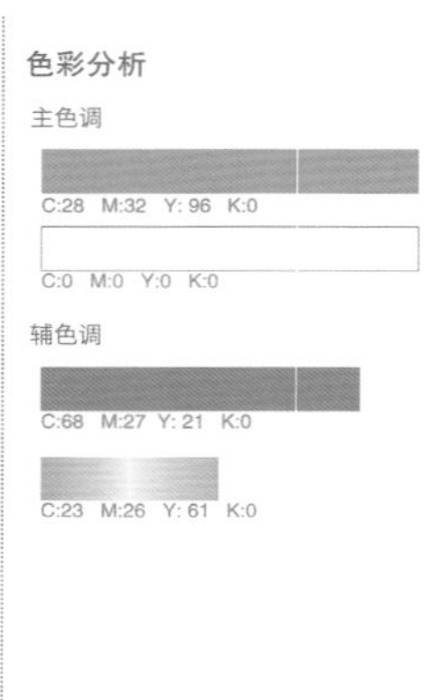

家具材质

沙发材质

窗帘布料

家具材质 地毯材质 窗帘布料

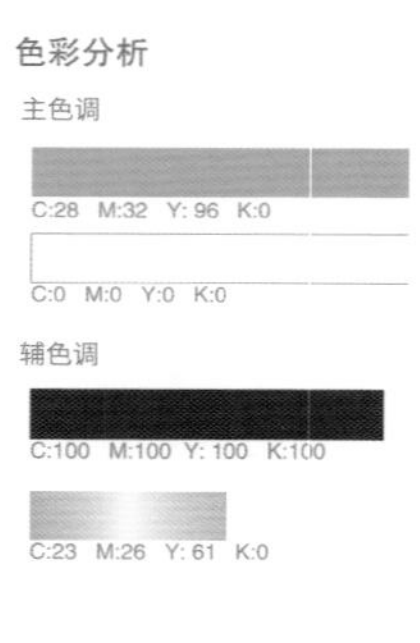

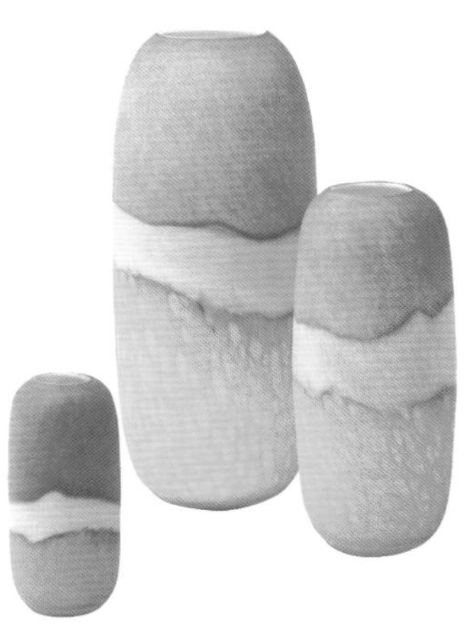

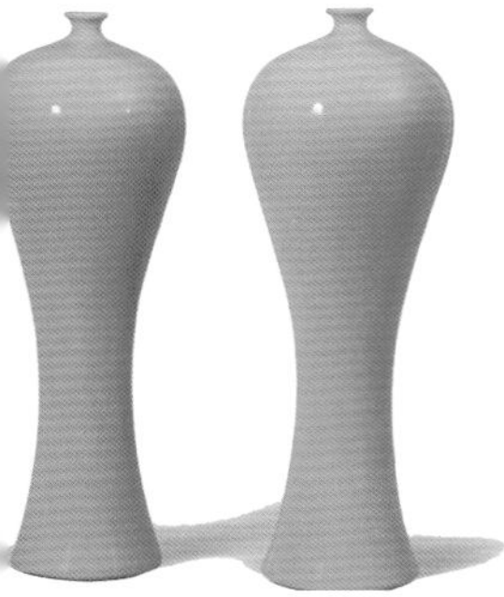

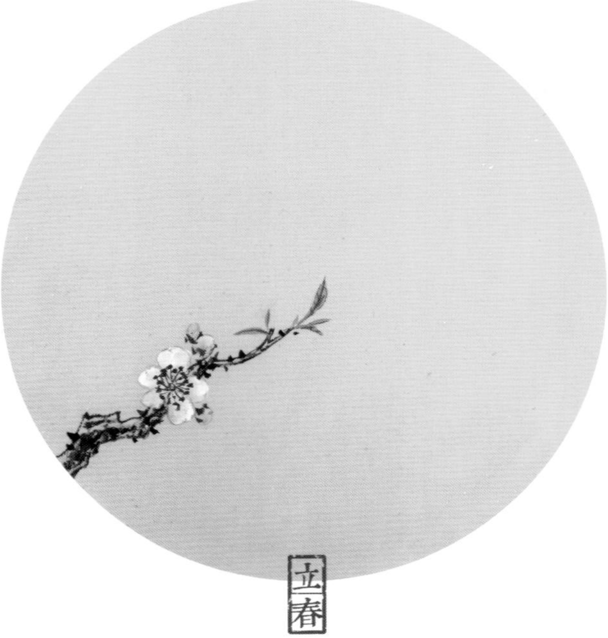

立春

2.4.11 色彩小故事：活用的色彩魔法

色彩是室内装饰必不可少的重要因素，在工作场所和家中各种各样的色彩无处不在。平常无意中看到的那些色彩，其实在潜移默化中对我们的身体产生了重要的影响，或让我们感到放松，或让我们觉得温暖，或让我们变得兴奋。而在室内装饰中运用的色彩，则需要根据该房间的使用目的来选择。

表示身体肌肉张弛度的数值就是Light Tonus值。通过测量**脑电波**和**汗液**的分泌，来反映**肌肉张弛度**是如何随着光和色彩的不同而变化的。

将最松弛的状态作为正常值，设定为23。浅驼色，中间色最接近正常值，而最紧张的是红色（赤）42。橙色可以让人兴奋，红色甚至可以令血压升高。一般认为色彩是视觉所接受的东西，而在实际上皮肤对色彩也有感觉，甚至能够影响身体的某些生理现象。

Light Tonus 值（肌肉对光紧张度）	
正常值	23
浅驼色、中间色	23
蓝	24
绿	28
黄	30
橙	35
赤	42

春风又绿江南岸
明月何时照我还
宋·王安石
千里莺啼绿映红
水村山郭酒旗风
唐·杜牧
绿盖红妆锦绣乡
虚亭面面纳湖光
清·许承祖
绿遍山原白满川
子规声里雨如烟
宋·翁卷
2.5
绿色

2.5.1 绿色的意义

自然、成长与希望。

自然界中，绿色可以说是占据统治地位的颜色，象征着生命、成长和新知。同时也是治疗、休息和抚慰的色彩。一提到绿色，人们就会想起初春的嫩苗及仲夏的繁茂树林，也会联想到环保与回归自然。绿色还象征着希望，因为它是与春天最接近的颜色。种子在春天发芽，希望也在春天播种。

绿色是由原色的黄色与蓝色混合而成的色彩，蓝色可以提高洞察力和直觉，黄色则令人变得清醒与乐观。因此，绿色的装扮，将会得到精神和物质双重的收获，而且充满正能量。

另外，绿色还具有安全、前进和急救的含义。体现人们对于受损的生命与能量进行补充、重生与治疗的愿望，体现自然法则。

绿色是能让人的眼睛最舒适的颜色。绿色是新生命与能量的象征，是成长、新生和治疗的颜色。

2.5.2 自然界的色彩灵感

绿色几乎就是环境与自然的代名词。大自然中树木、草、蔬菜、未成熟的水果均为绿色。因此，绿色与新鲜同义，与健康同义。绿色是电磁波的可视光部分中的中波长部分，波长为492～577 nm，绿色是大自然界中常见的颜色。

在中世纪的爱情诗中，绿色是象征处于萌芽阶段的爱情的色彩，因为感情也会发展、生长。

绿色给人最深刻的印象是新鲜，绿色与新鲜最密切的联系体现在饮料上。“绿色”和“新鲜”之间的关联也体现在语言上。

绿色是植物。绿色可以赋予各种概念及与大自然相关的意义。绿色作为独立的概念展示了文明的角度。绿色是生命的象征色，其象征意义来源于植物生长的经验。作为生命色彩的绿色是女性的象征。

发芽、抽条、变绿，绿色是春天的代名词。春天，意味着万物生长，绿色的意义也转换为了繁荣的象征。

2.5.3 色彩花语

绿云

绿云是产自中国的珍稀花卉。其色翠绿欲滴，极富光泽，属春兰之上品。古人为此有："扬芬紫烟上，垂彩绿云中。"的佳句。

这是非常自然而美丽的绿色，色彩柔和清澈、入目舒适，自然亲切。而因为 色彩非常明晰，因此搭配其他色彩有些许难度，容易产生复杂的感觉。搭配稍显柔和的蓝色、褐色等，可以制造出一种放松、宁静的效果。

2.5.4 绿色家族

2.5.4.1 苔绿

C25 M15 Y75 K45
R136 G134 B55

"Moss"指的是生长岩石上的苔藓，19 世纪下半叶，人们合成染料染苔绿这种色彩。色相略显暗淡，显得柔和而舒适。

2.5.4.2 叶绿

C50 M20 Y75 K10
R135 G162 B86

叶绿这个色彩名称来自繁茂的落叶树树丛的色彩。柔和、恬静，让人产生一种怀念的感觉。

2.5.4.3 青瓷

C55 M10 Y45 R123
G185 B155

这是一种表现青瓷色的高雅而洗练的绿色。"Celadon"原本是法国 17 世纪一部爱情小说主人公的名字，后来用作青瓷色的别名使用。这种色彩稳重而具有威信，与法语的 Chic（潇洒）印象十分吻合。

2.5.4.4 橄榄绿

C45 M40 Y100 K50
R98 G90 B5

橄榄是西方广为人知植物。橄榄绿属于浓厚的浊色，色彩的明度和纯都比较低，显得很有安定感，给人一种非常诚实靠的印象。

2.5.4.5 常春藤

C70 M20 Y70 K30
R61 G125 B83

常春藤的色彩本身是一种浓厚的绿色，所以与暖色系的鲜艳色彩搭配在一起，通过强烈的对比，可以表现出狂野的效果。

2.5.4.6 翡翠绿

C75 Y75
R21 G174 B103

像翡翠一样的绿色，清澈无垢的鲜艳色彩，给人一种希望满满、积极向上的印象。

2.5.4.7 钴绿

C60 Y65
R106 G189 B120

钴绿是与土耳其石一漂亮的色彩。这种色彩中隐藏了蓝色的冷峻，所给人一种平静的印象。

2.5.4.8 薄荷

C90 M30 Y80 K15
R0 G120 B80

薄荷是一种让人感觉清爽满溢的色彩，同时因为有深厚的蓝色，显示出安定沉稳的感觉。

2.5.4.9 孔雀绿

C100 M30 Y60
R0 G128 B119

孔雀绿是一种介于蓝色和绿色之间的浓厚蓝绿色。有着沉稳印象的这一色彩中，透出美丽的孔雀清高和充实感。

2.5.5 西方的绿色文化

在西方，绿色具有两种截然不同的代表意义，一方面在基督教中是代表圣灵的色彩。另一方面，魔鬼的颜色也多为黄色和绿色，即有毒物质的颜色。传说中植物之神与死亡判官的皮肤为绿色，具有重生、新生的含义。绿色在全世界被广泛地运用于紧急出口、前进信号、急救箱等标志。绿色是爱尔兰民族的代表色，而爱尔兰又被称为“绿宝石岛”。英文中Little Green Men（小绿人）代表外星人。

2.5.6 东方的绿色文化

绿色在中国文化中有生命的含义，可自然、生态、环保等，如绿色食色因为与春天息息相关，所以象征着也象征繁荣（取自枝繁叶茂）。性格色绿色代表和平、友善、善于倾不希望发生冲突的性格。在中行学说中，绿色是木的一种象征。

在韩国，新娘的绿色婚服具有多生孩寓意。在韩国绿色还是许多组合的代表ck-B、SS501的应援色都是绿色。

2.5.7 绿色的感官联想

绿色能给人带来平静和安定的感觉，可将人的心理维持在一个最理想的状态。而绿色对于人眼是最舒适的颜色，人们在看绿色时，不必调节眼球的视网膜。在过去，剧场中供演员在演出间隙休息的房间被装饰成绿色，于是“绿色房间”成了演员休息室的代称。这种绿色的装饰在舞台灯光的作用下，让演员疲惫的眼睛得到放松，紧张情绪得到缓解，从而使演员更加全身心地投入练习中。绿色的饮食还能给人带来健康。

2.5.8 绿色的生理体验

接触及被绿色包围，人体内部会产生有益的新陈代谢反应：

减少厌食情绪；

减轻由湿疹、腹泻胃肠疾病等引来的疼痛，并减少疼痛持续的时间；

稳定肥胖细胞，有助于缓解眼部疲劳。

绿色是由原色的黄色与蓝色混合而成的色彩。用绿色打扮自己，会得到物质与精神的双重收获，绿色可以促使我们以肯定的思想与态度面对事物，并时刻为理想而努力。

绿色还能够让人以和谐的眼光观察事物。在绿色的影响下，人们不仅能够均衡地看待问题的两面，还能同时表达积极与消极的情感。

绿色是12%的男性和女性喜欢的颜色，但也有许多人不喜欢绿色，10%的男性和8%的女性把绿色列为最不喜欢的颜色。

绿色是混合色中最独立的颜色。人们看见绿色几乎不会联想到它产生于黄色和蓝色。因此，画出一种黄色和蓝色比例相同的、协调的绿色并非易事。

M

2.5.9 创造性的绿色

绿色是由黄色与蓝色混合而成的颜色，是十分均衡、和谐的色彩。和谐的绿色不仅可以渲染空间的氛围，还可以让身处空间中的人变得安静而平和。因此，如果在书房或办公室等需要集中精神的场所使用绿色，会起到非常好的作用。绿色的使用具有很强的灵活性，在色彩设计中可以与多种色调协调搭配，通过绿色与多种颜色的和谐组合，可以让住宅内部焕发出勃勃生机。

台球桌的传统颜色为绿色，过去绿色是居室和沙龙中受欢迎的色彩，与之相匹配的是绿色的赌桌。今天几乎没人再用绿色来装饰居室的墙壁，有些住宅的装修风格既现代又讲究，即使需要在房间里放一张台球桌，也需要与整个空间的色调相匹配。反过来，以前不是绿色的物体也可以让它成为绿色，绿色的壁纸已不再是人们的宠儿，但是绿色植物还是很受人欢迎的，住宅中的棕榈树下如果放一台绿色钢琴应该也会有不错的效果。

绿色在其象征意义中是中性的色彩，决定其效果的是它的组合色彩。

绿色是红色的互补色，绿色属于中性色彩。介于男性的蓝色和女性的红色之间以及物质的红色和精神的蓝色之间，它令人极端兴奋，隐藏着危险。绿色是完全中立的，介于所有的极端之间，具有镇静和保障的效果。

2.5.10 软装色彩设计与物料色彩设计

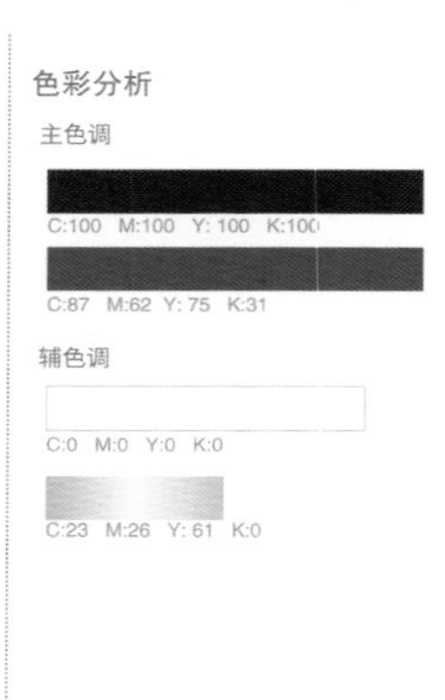

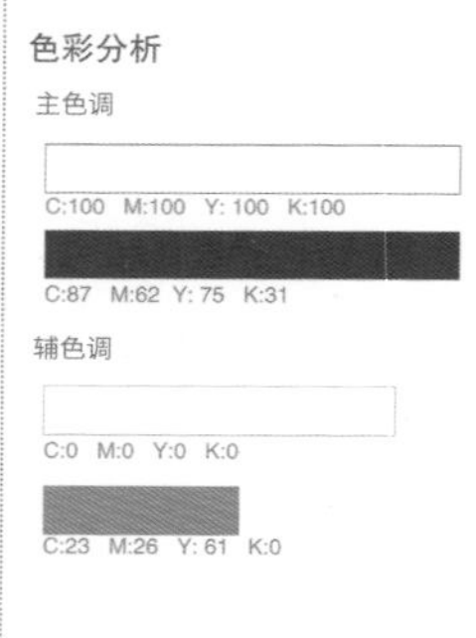

12
1
2
3
4
5
6
7
8
9
10
11

2.5.11 色彩小故事：风水与色彩的关系

“西方黄色财运上升”“东方红色工作运上升”等，类似这种色彩和方位可以带来运气的风水说，在以女性为中心的人群中非常受欢迎。最近的女性杂志上经常出现色彩风水或是室内装饰风水的话题，将风水和色彩联系在一起，运用在时装设计和室内装饰中。

风水是中国古代流传下来的利用能量工学的“环境整备学”，历代皇帝都根据风水来建造城市，期望繁荣昌盛、子孙兴旺。据说如果能巧妙地吸收来自太阳和大地的“气”，并加以发挥，就可以改变自己的运气。这种风水说与色彩也有着密切的联系。

在风水中有着分别对应四个方位的幸运色，每种色彩都有着特定的能量。比如说，东方的幸运色是蓝色和淡靛色，掌管“工作运”和“事业运”；南方的幸运色是绿色和红色，掌管“健康运”；西方的幸运色是黄色，掌管“财运”；北方是粉色，掌管“恋爱运”。风水学从不同于色彩疗法和心理学的角度研究并利用色彩的能量，让人感觉到色彩世界的奥妙。

事业运
兴旺运

人际运
人缘运

财运
社交运

工作运
才能运

白
起步运
净化运

风水和色彩的能量

恋爱运
婚姻运

家庭运
安定运

健康运
恢复运

名誉运
援助运

贮藏运
机密运

日出江花红胜火
春来江水绿如蓝
唐·白居易

蓝桥春雪君归日
秦岭秋风我去时
唐·白居易

沧海月明珠有泪
蓝田日暖玉生烟
唐·李商隐

物有无穷好
蓝青又出青
唐·吕温

2.6 蓝色

2.6.1 蓝色的意义

宁静、高远和真实。

蓝色是高远、智慧和诚实的象征，是一种富于逻辑和理性的色彩。它可增强人的独立自主性，激发精神上的努力。蓝色是最冷的色彩，非常纯净，通常让人联想到海洋、天空、水、宇宙。纯净的蓝色彰显美丽、冷静、理智、安详与广阔。蓝色可消除由生活压力所导致的紧张情绪，促进平静而有条理的思考，并具有予人冷静和镇定的功效，因而当兴奋、愤怒或不安的情绪无法抑制时，穿蓝色衣服可以让内心变得沉着冷静。倘若在周围大量使用蓝色，可有助于慎重处理事情，并可让浮躁的心变得镇定，从而获得心灵上的平和。

不同明度的蓝色所呈现出来的效果也各有不同，如果用明亮的蓝色装扮身体，会给人以温柔、善于社交的印象，而深蓝色的服装则显示出有效率和权威的感觉。

B
Hang askew or
SQUARE
on the wall
A
E

蓝色与绿色是和谐的色彩组合，具有**缓和心情**的作用。如果将这种配色用于室内装饰，则会让人**心情变得平静**。

蓝色带有明亮的形象，蓝色也是**真实的象征**，因而“真实的蓝色（true blue）”被用来比喻**忠诚可靠的人**。蓝色又**象征着智慧**，由此衍生出的“牛津蓝（Oxford blue）”和“剑桥蓝（Cambridge blue）”间接指代了两所大学的在校生。

牛仔服装中混合了从浅蓝到深蓝的各种蓝色，如今俨然成了**现代年轻一族**的时装标志。

2.6.2 自然界的蓝色灵感

蓝色总能让人联想到广阔的天空和深邃的大海，给人以舒适惬意的感受。而花卉中诸如蓝色妖姬这类蓝色的花卉，则给人一种浪漫和神秘的感觉。

蓝色是红、绿、蓝三原色中的一种，在这三种原色中它的波长最短，为440～475 nm，属于短波长。由于空气中灰尘对日光的散射，晴天的天空是蓝色的。由于水分子中的氢氧键对约750 nm的光的吸收，大量的水集中在一起呈蓝色。有意思的是，由于氢氧键吸收波长比较长的光（约950 nm），因此，水是无色的。

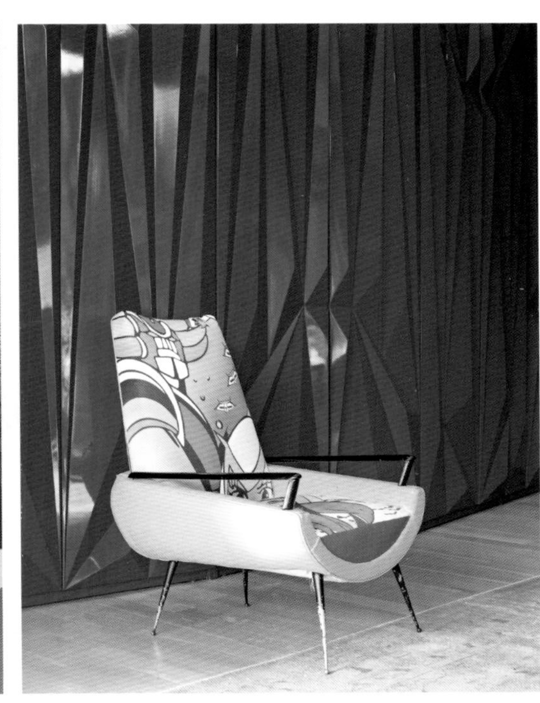

“blue hour”即“蓝色时间”，在美国和英国都很流行，它指下班后的时间，也就是放松的时间。

最美丽的蓝色是“帝王之蓝”，直到现在它仍是人们喜爱的色调。

风信子：燃生命之火，享丰富人生

始祖。欧洲人对风

腊神话中女神维

的露水来沐

而在英国，

蓝色风信子一直

捧花

花材。

而不作。

深厚；比之深蓝，

明度的浅色，可以

配明度低的色彩，则可以表现出精神和知性。

蓝色风信子是所有风信子的

信子更有一份特殊感情，

纳斯最喜欢以风信子花瓣上

浴，使肌肤更为漂亮润滑

作为幸福象征的

是婚礼中新娘

或饰花不可或缺的

蓝色风信子秀而不媚，娇

这种蓝比之浅蓝，显其

又显其纯净。搭配高

表现出精致清爽；搭

2.6.4 蓝色家族

2.6.4.1 水蓝宝石

C75 M30 Y10 K15
R41 G131 B177

水蓝宝石意味着如
股的宝石，兼具蓝、绿两种色彩特征的色相中，
显得更为深厚，所以蓝色的洁净感更为强烈。

2.6.4.2 蔚蓝

C70 M10
R34 G174 B230

蔚蓝指的就是万里晴空。既有蓝色的理性，又流露出聪明洗练的感觉。

2.6.4.3 陶蓝

C55 M30 K25
R102 G132 B176

陶蓝取自英国著名的陶器工厂伟奇伍德的艺术陶器的色彩，是一种很柔和的色彩。有着独特的色相，虽然纯度不高，却不失蓝色所特有的气质，这是一种高贵的色彩。

2.6.4.4 土耳其玉

C80 M10 Y20
R0 G164 B197

土耳其玉本指蓝绿色
。作为明亮的蓝绿色，有着宝石一样美丽的色彩。
拥有蓝色和绿色两种特性，稳定而平衡感强。

2.6.4.5 钴蓝

C95 M60
R0 G93 B172

来自“Cobalt”颜料的纯净清澈的深蓝色。18世纪末开始成为色彩名称。19世纪中期，这一色彩成为印象派画家们钟爱的色彩。这个色彩搭配明亮色调非常夺目。

2.6.4.6 孔雀蓝

C100 M50 Y45
R0 G105 B128

孔雀蓝原为孔雀脖子周围羽毛的颜色。虽然看起来是一种蓝色浓厚的鲜艳色彩，但因为色调较暗，所以给人一种沉着冷静、礼节周到、一丝不苟的印象。

2.6.4.7 水蓝

C62 M17 Y15
R88 G195 B224

水蓝为撒克逊人的蓝
据说盎格鲁 - 撒克逊人的祖先日耳曼人的故乡，
目许多自然的蓝色和绿色，非常美丽。这个色彩因
色相略微偏灰，缓和了蓝色的冰冷，给人一种柔和
平静的印象。

2.6.4.8 青金石

C95 M80
R19 G64 B152

青金石是美丽的藏蓝色矿物。自古以来就被当做表现宇宙真知的石头而备受尊崇。因为这种色彩的色相鲜艳，所以不适合搭配深暖色。这是一种在感情上比较偏好知性的刺激，让人感觉到直觉和灵感的色彩。

2.6.4.9 宝蓝

C90 M70
R30 G80 B162

宝蓝被当作是英国皇室的正统色。浓厚鲜艳的蓝色，彰显理智和权威性，是一种格调很高的色彩，因此有时候让人感觉到有其他色彩望尘莫及的桀骜之气。

2.6.5 西方的蓝色文化

在许多神话故事中，蓝色是天父或天上神灵的象征。在古希腊和古罗马时代，宙斯和朱庇特就是被供奉在蓝色神殿中，其原因正是由于蓝色是智慧、拥有统治权力的王位以及宗教等级的象征。

另外，绘画中的圣母玛利亚身着蓝色服装，也可以看作蓝色是代表天上人物的体现，因为圣母玛利亚是天上的女王。

正由于圣母玛利亚身穿蓝色披风，所以法国形成了给女孩穿蓝色服装的习惯，而没有采用女孩用粉色、男孩用蓝色的穿搭惯例。

在英国，蓝色是最高权威与名誉的象征，这是因为英国王室授予的最高勋章——嘉德勋章是蓝色的。蓝色绶带也体现了这种象征意义，是坎特伯雷大教堂的大主教和英国最权威的赛马会——德比大赛马会的象征。

蓝色在英国也是上层阶级的象征，若称一个人为“蓝色血统”，则表示其是贵族或王族的一员。

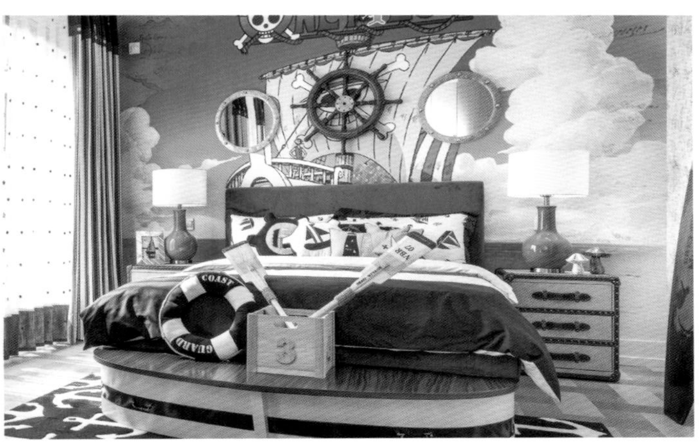
COAST
GUARD
3

Fond de chambre à Coucher

2.6.6 东方的蓝色文化

在我们祖先创造的语言中，也有许多带有“蓝色”的词语，如“青云之梦”“青云之士”和“青鹤洞”等，从这些词语中可以看出，蓝色蕴含了希望与理想的情感。

在古代中国，蓝色与象征自然力量的龙也联系在了一起，“青龙”就是一个典型的例子。自古以来，青龙就被认为是天之王，其象征意义包括东方、春季、成长和创造，是自然力量的象征。

与其他颜色相比，蓝色更受欢迎，它是40%的男性和36%的女性最喜欢的颜色。而且几乎没有人不喜欢蓝色：只有2%的男性和1%的女性在调查表中填写“蓝色”为“我最不喜欢的颜色”。

在现代的象征**词义**里蓝色是男性的颜色。蓝色的男性特征包括**冷静、理智**。蓝色是代表**工作及精神品质**的主要颜色之一。

蓝色是代表**遥远和寒冷**的颜色，是一种有扩展感的颜色。

蓝色代表**幻想积极**的一面，它象征着**乌托邦式、遥不可及的理想**。

2.6.7 蓝色的感官联想

明亮的蓝色给人以凉爽清新之感。蓝色与绿色是和谐的色彩组合，具有缓和心情的作用。若将这种配色用于室内装饰，则会让心情变得平静，若使用较浅的蓝色，则令人感觉很安静、整洁。

2.6.8 蓝色的生理体验

众所周知，深天蓝色具有镇静效果，它是所有颜色中最能让人安定的颜色（医院里使用蓝色作为镇定色）。当蓝色进入人的视线时，人体会分泌使大脑镇静的神经传达物质，这些激素是给整个身体带来安定的化学信号。

这些激素也会给人体带来以下反应：

食欲减退（因为大自然中几乎没有蓝色的食物）、脉搏变缓、平稳兴奋情绪、呼吸变深、发汗作用变弱、体温降低、抑制犯罪或打斗的情绪。

2.6.9 创造性的蓝色

蓝色可使人联想起大自然中明亮清爽的天空与深邃的大海所以对要求舒适的室内装饰而言，蓝色是十分理想的颜色。明亮的蓝色可给人以凉爽清新之感，因而可以毫无顾虑地使用在室内装饰中。

作为天神的颜色，蓝色代表永恒，作为永恒的颜色，蓝色是真理的象征。

2.6.10 软装色彩设计与物料色彩设计

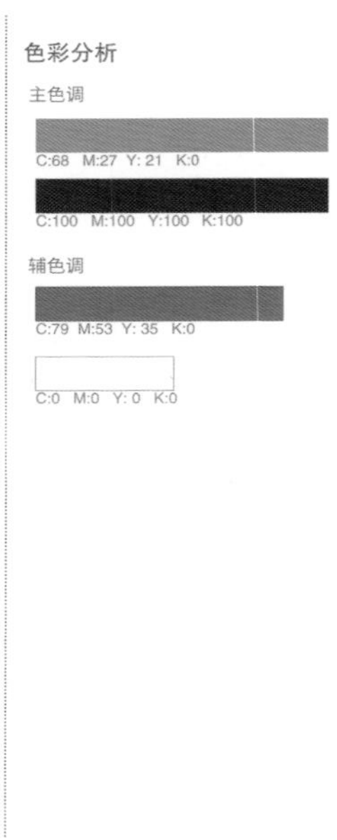

色彩分析

主色调

C:79 M:53 Y: 35 K:0

C:43 M:35 Y:100 K:32

辅色调

C:34 M:18 Y: 16 K:0

C:23 M:26 Y: 61 K:0

INDIGO

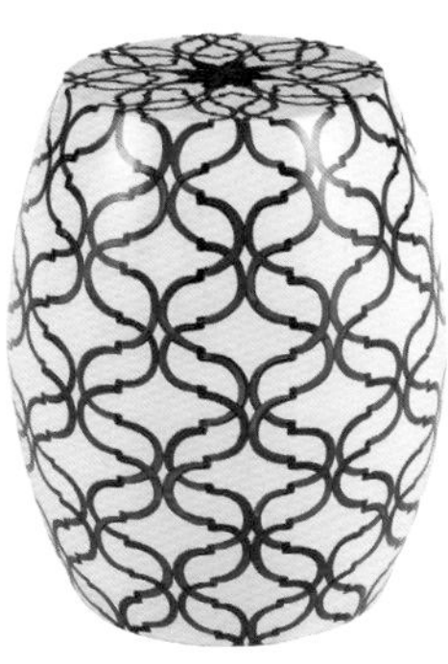

T

2.6.11 色彩小故事:人类可以识别的颜色

人类可以识别的颜色有50万~100万色，更有研究表明为700万~1 000万色。人类的色彩感是非常强的。不过，最近开发出来的电视机更厉害，它可以显示1 670万色。更先进的等离子电视机甚至可以显示36亿2 000万~57亿5 000万色。不过，显示出再多的颜色，只要超出了我们人类可以识别的范围，都没有意义。也许我们心理上会感觉36亿色电视机比1 670万色电视机看起来漂亮。其实，我们根本看不出有什么差别。说实话，电视机能显示1 000万色就已经足够了，购买电视机可以以此为参考依据。

蓝色是橙色的互补色。橙色是色谱中最暖的颜色，而蓝色是最冷的颜色。

中世纪时期，红色是属于贵族的颜色，而任何人都可以穿蓝色。但是，一件衣服的蓝色越是漂亮，可能穿着它的人的社会地位越高。

紫禁香如雾
青天月似霜
唐·张仲素
旅雁上云归紫塞
家人钻火用青枫
唐·杜甫
紫藤挂云木
花蔓宜阳春
唐·李白
紫萱偏得地
玉树解留春
宋·王炎

2.7 紫色

2.7.1 紫色的意义

品位、魅力和华丽。

紫色是由红色和蓝色混合而成的，红色和蓝色是光谱中相距较远、性质截然相反的颜色。

然而，在心理和情感方面，紫色却与构成它们的红色与蓝色有着截然不同的性质。由于红色与蓝色的恰当融合，紫色成了精神与感情、灵性与肉体和谐的象征。基于这个原因，紫色可用于谋求肉体与精神上的安定与和谐。

从心理学的角度上，紫色可给人以温暖的鼓励，有助于专心仔细地思考，同时还可使人产生高度的自信心。

2.7.2 自然界的紫色灵感

紫色是自然界中不常见的色彩，因此，但凡是紫色的植物，都会比较引人注目。比如紫罗兰、紫丁香，还有蔬菜中的茄子。紫罗兰是紫色的代表花卉，在花语中，具有神秘、低调与谦虚的含义。

紫色在可见光中的波长比蓝色更短，波长为380~420 nm，也是人类在光谱中能看到的波长最短的光，英语称为Violet，比其波长更短的称为紫外线。

2.7.3 色彩花语

鸢尾花：爱丽丝的爱

鸢尾花，中文名来自于它的花瓣像鸢的尾巴。在国外又称"爱丽丝"，爱丽丝在希腊神话中是彩虹女神，她是众神与凡间的使者，主要任务在于将善良人死后的灵魂，经由天地间的彩虹桥携回天国。在体现优雅、柔美的效果时，粉紫色通常是当仁不让的色彩。粉色或许也被认为是孩子气的颜色，但通过搭配一些强有力的色彩，可以展现成人世界的艳丽华美，当然，也可以营造出一个甜蜜祥和宛如梦境般的氛围。

2.7.4 紫色家族

2.7.4.1 铁线莲

M20 K20
R216 G191 B203

铁线莲是一种温柔的色。它既有着神秘幽幻的印象，又隐约有着和暖的气氛。搭配同色系或同色调的色彩，可以出洗练的效果，搭配色相迥异的色彩则给人一可思议的感觉。

2.7.4.2 紫藤

C60 M65 K10
R115 G91 B159

紫藤这种色彩是日本的传统色，在欧美出现较晚。这种鲜艳的紫色，给人一种优雅高贵的印象，却不可思议地流露出让人心平气和的感觉。

2.7.4.3 丁香

C30 M40
R187 G161 B203

丁香意味着像丁香花一样的色彩，在 18 世纪后成为英国的一个色彩名称。这个清纯的淡紫色，给人一种浪漫而柔美的印象。

2.7.4.4 薰衣草

C40 M50 Y10
R166 G136 B177

这是一个名字取自薰花的色彩，这是一种让人感觉品格高尚的色彩，配色的不同还可以演绎出或摩登或华丽的效果。紫色和缓平静，有着像薰衣草香气一样可以镇神的治愈效果。

2.7.4.5 紫水晶

C60 M80 Y20
R126 G73 B133

这是名字来自紫水晶的颜色，据说“Amethyst”是希腊语，意思是“千杯不醉”。色相浓厚的紫色，闪烁着灵感。也有让人昏昏欲睡，遁入梦想的效果。

2.7.4.6 紫罗兰

C20 M30 Y10 K10
R197 G175 B192

紫罗兰是一种低纯度的淡紫色。从这个色相清浅柔和的色彩中，可以感觉到温柔和亲切。

2.7.4.7 蝴蝶花

C35 M100 Y10 K30
R139 G0 B98

蝴蝶花色是取自三色花的名字。色彩偏红色，色相强烈，引人注目。而娴静的反面，又有着红色的力量感。许多时表现出奢华和成熟的感觉，让人联想到坚强独女性。

2.7.4.8 锦葵

C15 M70
R211 G105 B164

锦葵是一种让人联想到兰花华丽而有存在感的色彩。紫中带粉，给人一种可爱和甜美的感觉，并且还有梦幻的一面。

2.7.4.9 香水草

C65 M100 Y20 K10
R111 G25 B111

香水草这种颜色柔和明亮，色相微妙，最适合用来表现童话般的效果。

2.7.5 西方的紫色文化

紫色自古以来就是富贵与风度的象征，是王后使用的颜色。紫红色也是象征神灵启示的颜色，在基督教中，紫色是表现耶稣受难时所使用的颜色，同时它也被用作复活节，尤其是圣灰星期三和神圣星期六（复活节前夜）的象征。

紫色在西方自古以来就是神圣与高贵的颜色，因而希伯来与早期基督教的神职人员都穿紫色的圣衣。

在真正意义上的紫色存在的时代，紫色是代表权力的色彩。在真正的紫色尚有供应时，紫色是标志红衣主教的等级色彩。紫色是代表虔诚和信仰的色彩。在基督教的象征意义中，紫色还是代表谦恭的色彩。

在希腊神话中，众神也是身着紫色的长衫，而且所罗门的马车与克里奥帕特拉的船也都是紫色。

另外，传说特洛伊战争中傲慢的英雄埃阿斯流的血中长出了具有神秘力量的紫罗兰，于是与其同名的紫色也是谦虚的象征。

2.7.6 东方的紫色文化

紫色在中国是神圣和吉祥之色，中国有“紫气东来”的祝福语。而在东方，紫色同样也是代行上天意志的人才能使用的颜色。在中国传统里，紫色是尊贵的颜色，如北京故宫又称为“紫禁城”。数千年来，东西方都在延续着普通百姓不得使用紫色的禁令。

2.7.7 紫色的感官联想

紫色给人第一感官会有瞬间的不适，而后才会适应，有一定的距离感，因此神秘、高贵是紫色给人的印象。

使用紫色，有助于深度思考，因此喜爱紫色的人大多具有细心、内向的性格。

2.7.8 紫色的生理体验

浅色调的紫色具有舒缓情绪的作用，而长时间被紫色或紫红色所围绕，也会引起忧郁情绪。

2.7.9 创造性的紫色

紫色的特点让它有一种**人造美**的感觉，但也并不妨碍它女性受众的拥趸。我们往往看到紫色在家居用品中的使用，比如一个紫色的皮沙发看起来就比标准的黑色更**精致**一些。家用电器的外壳倘若使用紫色似乎也显得更加**优雅**和**贵重**。当然，在化妆品及服装领域，使用紫色几乎是一种常规。然而作为一种有**魔力**的色彩，紫色可以让动物的色彩充满**神秘感**，尝试在广告图以及漫画中使用紫色来表现动物的魔力，应该会有出其不意的效果。比如紫色的猫、紫色的蝙蝠。

紫色结合了感性与智慧、情感与理智、热爱与放弃。紫色是代表魔力的色彩。

喜爱紫丁香的人大多喜欢华丽，这些人性格天生就热情、活泼和外向，具有强烈的自豪感，爱打扮，时常保持生机与魅力，容易给异性带来好感。

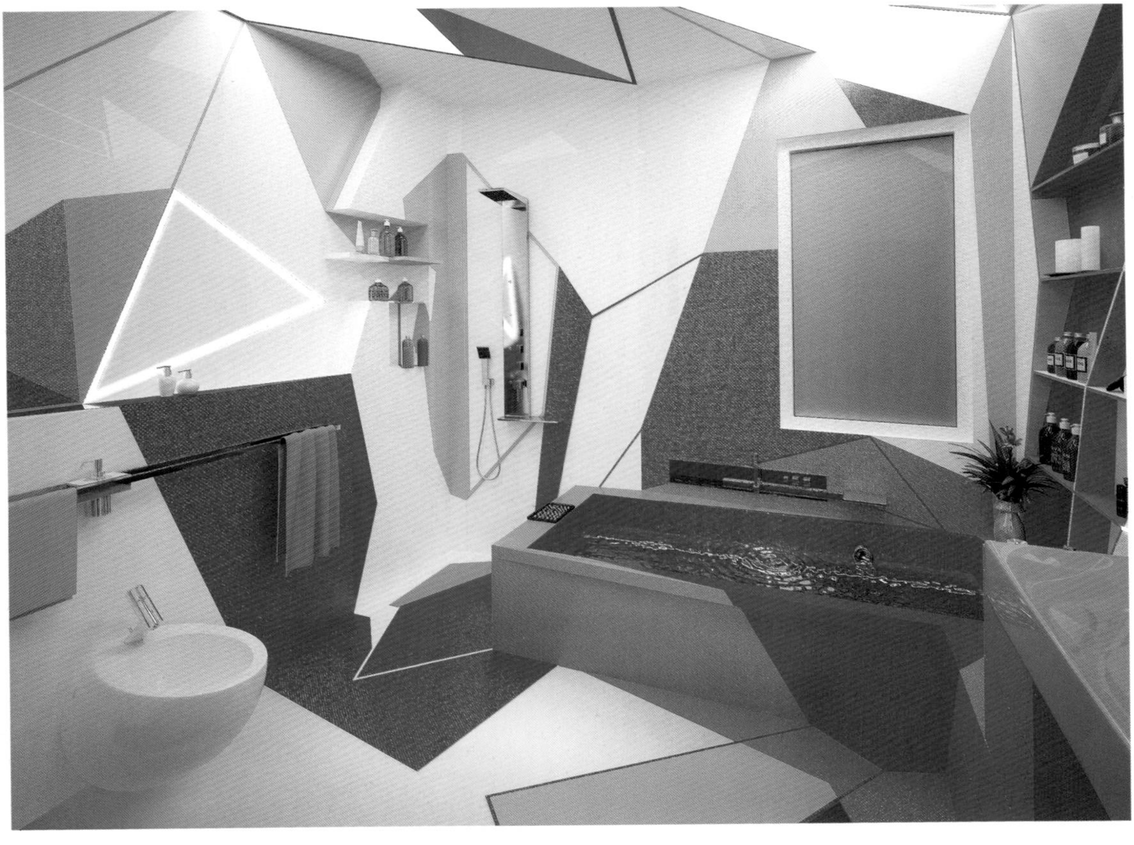

紫色系给人的感受随着搭配颜色的不同也会略有差异。以薰衣草色（发灰的蓝色）为例，与粉红色组合显得凉爽，而与蓝色组合则显得更加温暖，其原因是薰衣草色中的红色比较突出的缘故。

2.7.10 软装色彩设计与物料色彩设计

浪漫的生活者，是踩着自然相约的步伐起舞，
是理解每一种风情的演绎。或纯净质朴，
或高贵女王，或静谧闲适，不错过任何风景

A
帘头：PB1301-03
外帘：PB1301-03
R9004-20
中纱：ZS3403-1E
里纱：ZS3508-1B
CPB4885

B
地毯：D44
尺寸：173×433.5cm

紫色是红色和蓝色的混合色。紫色也是一种代表混合情感的色彩。反感紫色的人多于喜欢紫色的人，在接受调查的人中有12%的男性和10%的女性不喜欢它，只有1%的男性把紫色列为喜爱的色彩，有着相同喜好的女性则为5%。

2.7.11 色彩小故事:睡眠与色温

实验证明,在睡眠前分别用不同色温的光照射实验对象,待其入睡后检测其睡眠状况。然后,把光照的色温与睡眠状况进行比对,分析其中的因果关系。

色温,通俗地讲就是将光的颜色置换成温度,色温的单位是K(开尔文)。实验证明,用6 700 K的光照射实验对象后,其入睡后的心跳频率最稳定。白炽灯的色温是3 000 K,中午太阳的色温是5 000 K,白光荧光灯的色温是6 700 K。

电脑显示器的光大约为9 000 K。荧光灯和电脑显示器的光有抑制人体褪黑激素分泌的作用。实验表明,经过荧光灯或电脑显示器照射后,再去睡觉,睡眠质量会比较高。因此,客厅和书房用荧光灯,而卧室用白炽灯的搭配比较合理。此外,对于长时间使用电脑的朋友来说,把电脑显示器设置为6 700~9 000 K对眼睛比较好。

江碧鸟逾白
山青花欲燃
唐·杜甫
最爱湖东行不足
绿杨阴里白沙堤
唐·白居易
北风卷地白草折
胡天八月即飞雪
唐·岑参
遥望洞庭山水翠
白银盘里一青螺
唐·刘禹锡

2.8 白色

2.8.1 白色的意义

高雅、纯净和正义。

白色是一切色彩中最完美的颜色，我们几乎找不到白色有什么消极意义的情境。白色拥有包容一切的美德，它象征着崇高的奉献，给人以和平、希望、神圣与信赖的感受。同时，它还具有干净、崭新和容纳一切变化、清澈无垢、天真无邪的特征。因此，白色是非常适合医生、科技工作者、咨询师及服务业从业人员使用的颜色。

白色可以**反射所有颜色的光**，它显示出**清洁、纯净的品性与进取心**。
白色是所有光谱的总和。

2.8.2 自然界的白色灵感

白色的花卉总给人很**纯洁**和**喜悦**的感觉，因此**白色康乃馨、白玫瑰**等花卉成了西方人**婚礼**上常用的花卉。

白色是一种包含光谱中所有颜色光的颜色，通常被认为是“无色”的。白色的**明度最高，无色相**。可以将光谱中三原色的光——蓝色、红色和绿色，按一定比例混合得到白光。光谱中所有可见光的混合也是白光。

白色是一切色彩中**最完美的颜色**，我们几乎找不到与白色有关的消极意义情境。只有**0.5%的男性**称白色是他们最不喜欢的色彩。不过**完美**似乎也与人们**保持着距离**，也仅有**3%的人**把白色列为喜爱的色彩。

在其他语言里，白色与光芒、光线近义。关于光、闪耀的联想决定了白色这种颜色的象征意义。

白色是完美的，添加任何其他色彩都会减少其完美性。

白色是代表简单的颜色以及象征谦虚的基本色彩。

2.8.3 色彩花语

白莲花：忠贞和爱情

在东方文化中，白莲花因其高雅脱俗的气质而被喻为圣洁之花。白莲花的白色明度很高，这种色彩是提高整体画面明度的极佳选择，给人以洁净、清澈的视觉效果。除了“濯清涟而不妖”的雅静，白色因其高明度和高纯度，还能彰显耀眼、夺目的华贵气质。

2.8.4 西方的白色文化

白色是西方人非常喜爱的颜色，在欧洲它是代表神的颜色，圣灵表现是白色的鸽子，耶稣基督是白色的羔羊。神职人员穿的服装几乎都是白色。白色是神圣的节日中礼拜仪式的颜色。

2.8.5 东方的白色文化

在东方，白色也被认为是**神圣**的颜色，比如中国文化中白色的**仙鹤**、佛教文化中的**白莲**等就是神圣的**化身**。中国的太极图中，白色代表**阳**，象征**男性、火热、主动**和**明亮**；而在中国、日本等国家，白色也有**死亡**和**哀悼**的意思。

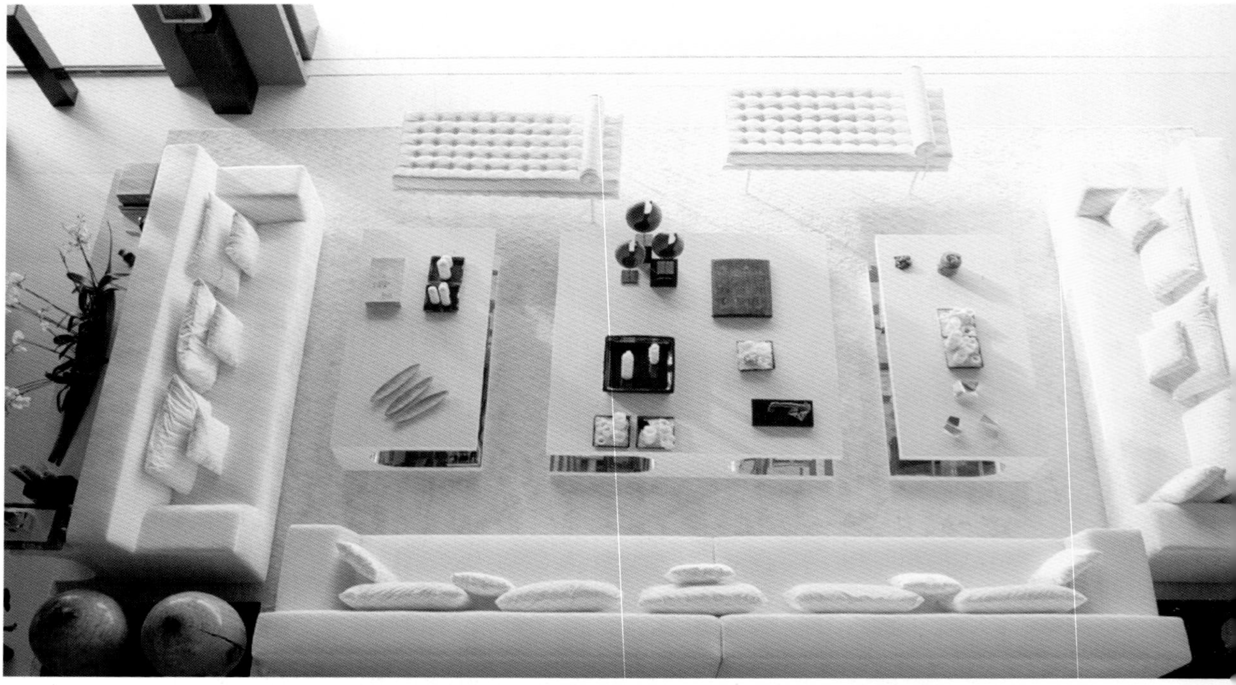

2.8.6 白色的感官联想

白色让人感觉清凉，它可以反射所有光线，同时也能将放射性热能反射出去，夏天人们常穿白衣服或戴白帽子，就是因为白色布料可以反射热能，起到降低温度的作用。又因为白色可以反射所有光线的性质，所以也会感到耀眼和引起视觉疲劳。

2.8.7 白色的生理体验

白色的衬衫被认为是**身份的象征，**即使到了今天，白色衬衫仍是优雅的代名词。一个人的职业或地位越高，其服装样式越保守。**处于社会顶层**的男性不受时尚变化的影响，他们几乎都穿白色衬衫。

当白色**被认为是无色或没有力量**的时候，它是**女性的色彩。**

白色是**最浅**的色彩，同时也是**最轻**的色彩。

2.8.8 创造性的白色

世界变得越来越五彩缤纷，但白色的地位也永远**无可替代**。可以设想一下，一个白色的独角兽会给人带来什么样的联想？小丑倘若涂上白色又会是什么效果？当然，我们更多的是**解放白色**，让世界朝着多彩方面去发展。与传统的在白色瓷器上画彩色相反，是否可以在彩色的瓷器上点缀和增添一些白色。钢琴键被传统地划分为黑白两色，一个波普乐队或摇滚乐队或许更加匹配一个琴键涂成五颜六色的彩色钢琴。

ABCD
EFGH
IJKL
MNOP
QRST
UVWX
YZ

2.8.9 软装色彩设计与物料色彩设计

色彩分析

主色调

C:44 M:33 Y:35 K:0

C:0 M:0 Y:0 K:0

辅色调

C:68 M:27 Y:21 K:0

C:23 M:26 Y:61 K:0

色彩分析

主色调

C:23 M:28 Y:38 K:0

C:0 M:0 Y:0 K:0

辅色调

C:100 M:100 Y:100 K:100

C:51 M:72 Y:94 K:17

FAUX
TAXIDERMY
MOUNTS
$49.95

2.8.10 色彩的小故事:世界各地的彩虹有不同的颜色

我们一般都认为彩虹有七种颜色,即赤、橙、黄、绿、青、蓝、紫。然而,不同地区、不同民族对彩虹色数的认识存在很大的差别。美国人和英国人认为彩虹只有六种颜色,比我们普遍认为的七色中少了蓝色。德国人和法国人在有的时候或有的场合会认为彩虹只有五色。还有很多国家认为彩虹只有四色或三色。在古代日本,人们认为彩虹有五种颜色,在冲绳地区甚至认为彩虹只有用赤、黑(青)两种颜色。

实际上，所有地方的人看到的彩虹都是一模一样的，但数出的颜色数为什么有这么大的差别呢?这并不是因为不同地区人的色彩感觉不同，而是与当时的认识有很大的关系。牛顿最早对太阳光进行了分解，并数出其中含有**七种颜色**。自此，人们就认为彩虹有七种颜色。实际上，彩虹是连续的一道**颜色带**，可以说它有无数色，只是人们出于方便将其区分成七种颜色而已。

黑云压城城欲摧
甲光向日金鳞开
唐·李贺
与君白黑大分明
纵不相亲莫见轻
唐·白居易
黑潭水深黑如墨
传有神龙人不识
唐·白居易
黑云翻墨未遮山
白雨跳珠乱入船
宋·苏轼
2.9
黑色

2.9.1 黑色的故事

黑暗、优雅和神秘。

在生活中，黑色的象征意义千差万别，既代表高贵与优雅，也代表邪恶与黑暗。从心理角度看，黑色象征着防御；在时尚界，黑色象征着冷静与洗练的态度；在汽车或现代室内装饰中，黑色象征着高雅与奢华。

画家瓦西里·康定斯基这样描述黑色：黑色在心灵深处叩响，像没有任何可能的虚无，像太阳熄灭后死寂的空虚，像没有未来、没有希望的永久沉默。

黑色与白色具有完全相反的象征意义，如果将两色并置观察，理解起来会更加容易。通过黑白两色的对比，每种颜色的特征会变得更加突出。总之，白色是黑色之外的全部，黑色是白色之外的一切。

有彰显个性欲望的人可以穿黑色。一件黑色的女装、西装都显得与众不同。黑色赋予尊严感，至少是不可亲近的感觉。

作为与众不同的色彩，黑色服装在那些希望远离大众、远离适合社会的价值观的人群中非常流行，小痞子、摇滚、朋克等名字在变化，但黑色一直是极其受欢迎的颜色。

黑色代表阴，象征女性、寒冷、被动和黑暗。

黑色在非洲还有着另外一种意义，在这里黑色是最美丽的色彩。在非洲国家的旗帜和国徽上黑色是代表民族的颜色。黑色象征独立自主的国家新生的自我意识。

2.9.2 自然界的黑色灵感

自然界中的黑色，比如黑土、黑色的植物等予人**踏实**和**富有养分**的感觉。而黑色的动物则是不详的、**令人不安**的，比如乌鸦。

黑色基本上定义为没有任何可见光进入视觉范围，和白色正好相反，白色是所有可见光光谱内的光都同时进入视觉范围内。颜料如果吸收光谱内的所有可见光，不反射任何颜色的光，人眼的感觉就是黑色的。如果将三原色的颜料以恰当的比例混合，使其反射的色光降到最低，人眼也会感觉为黑色。所以黑色既可以是**缺少光造成**的（漆黑的夜晚），也可以是所有的色光**被吸收**造成的（黑色的瞳孔）。在文化意义层面，黑色是**宇宙**的底色，代表**安宁**，也是一切的**归宿**。

2.9.3 色彩花语

黑色郁金香：领袖权力

黑色郁金香，又称“夜皇后”，黑色中透着微微的紫色。可以遐想一下：当夜幕降临，“皇后”锦衣夜行拉开一层神秘面纱，那是怎样的一种令人夺目的尊贵与美丽？通常，在传递成熟、高贵的信息时运用黑色、深紫色等纯度较强的配色是极为合适的色彩。黑色，往往可以最大限度地衬托出任何色彩。因此我们从色彩差异较大的画面中反而强烈感受到极具魅惑力的美感。

2.9.4 西方的黑色文化

黑色在许多国家都具有消极的象征意义。代表了黑暗和恐怖，可联想到死亡、哀悼和葬礼。黑色的词语有"黑名单"（black list），"黑色租金"(black mail)。

黑色在非洲是非常美丽的色彩。非洲国家的旗帜和国徽上黑色是代表民族的颜色，象征独立自主的国家新生的自我意识。非洲象征自由的标志是"黑色之星"。

2.9.5 东方的黑色文化

在中国的太极图中黑色代表阴，象征女性、寒冷、被动和黑暗。

而在中国，黑色与白色一样都有象征死亡和哀悼的成分。

2.9.6 黑色的感官联想

在心理的角度上，黑色让人感到闷热，象征着防御；在时尚界，黑色象征冷静与洗练的风度；在汽车或现代室内装饰中，黑色象征高雅与奢华。

2.9.7 黑色的生理体验

在空间中大量使用黑色也使空间显得狭小而黑暗，给人局促的感觉。

2.9.8 创造性的黑色

黑白组合所形成的对比要比其他任何彩色的搭配都更加鲜明，很容易吸引人们的视线，因而在配色中有着广泛的应用。环视周围，我们可以很容易发现由黑白两色构成的布、墙纸或装饰品。

黑色与白色可以与有彩色中的任意一种颜色混合。在室内装饰中，常利用这两种颜色来创造各种丰富的色彩。

黑色在时尚界，是没有风险的优雅。迪奥说过，优雅是高贵、自然、细致与简单构成的混合体，如此一来，黑色就成了保持优雅传统的最佳选择。可可·香奈儿经久不衰的小黑裙就是范例。

在黑白的基础上搭配灰色、银色和粉红等颜色，会给人以干净利落的感觉，同时更加突显柔和的气氛。

黑天鹅绒是世界上较深的黑色。宇宙中还有更深的黑色——绝对的黑色。绝对的黑色用物理学解释就是不发光物体的颜色，不发光物体吸收了所有的光线。

黑色是一种现代的而非时尚的色彩。通过放弃色彩以适应客观性和功能性的要求，这是现代设计的品质。

只要和黑色组合在一起，每一种彩色的象征意义均会转向它的对立面。

2.9.9 软装色彩设计与物料色彩设计

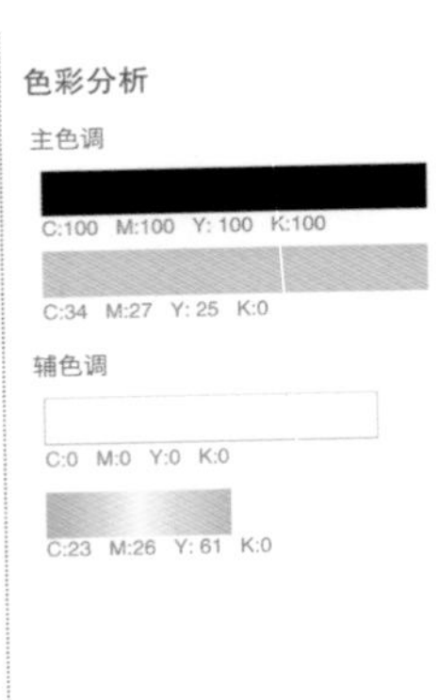

地面材质 沙发材质 窗帘布料

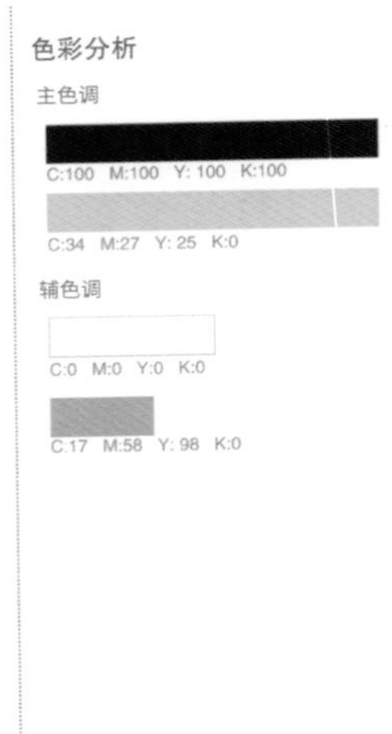

地面材质 硬包材质 窗帘布料

APOTHECARY
absolution

2.9.10 色彩的小故事：第三只眼

昆虫或爬行动物，它们除了两只眼睛外，还有第三只叫做“头顶眼”的眼睛。研究表明，动物的头顶眼具有感知光线和调节体温等作用。

人的第三只眼是脑中的“松果体”。松果体可以对眼睛或皮肤感受到的光线刺激作出反应，然后分泌出调整昼夜规律的荷尔蒙以及引导我们自然入睡的褪黑素。鸟类的松果体不仅具有生物钟的功能，其细胞还具有分化成真正眼睛的能力。然而，包括人类在内的哺乳动物，松果体已经丧失了生物钟的功能，只是分泌褪黑素的内分泌器官。我们的生物钟位于视床下部。所以，人类的“第三只眼”已经由感觉器官变成了内分泌器官。

色彩的探索篇
3

3.1 性格—色彩研究的古老历史

古希腊哲学家把人类的性格分为四种类型，这四种类型可以解释为人体内四种“体液流”的表征，它们的平衡对人类的健康与行为有非常重要的影响。如果某个人表现出四种人格类型中的一种，就表明某种“体液流”占据主导地位。

随着欧洲哲学的发展，对身体和行为复杂的理解逐渐代替了血液学说。但是，四种性格的观点一直延续下来。在西阿拉斯加的尤皮克文化中，有一个重要的宗教符号，被称为“意识之眼”。这个符号刻画了人类的精神，这种精神通过四种基本元素使我们成为人类。这些元素即身体、感情、思考、文化或者意志。

几个世纪以来，性格的这四种元素一直吸引着我们，也将人人之间确实存在的天然差异清楚区分，并让我们与周围的人建起联系。

当代的科学研究，尤其是一些同卵双胞胎研究，都表明我们不是出生的时候就是一块白板。在某种程度，这四种性格描述了们某些天生的性格差异——这些差异看起来并不是来自家庭或文化背景。

3.1.1 金色性格特征

可靠、传统、工作努力而且高产；

尊重习俗和传统传承下来的智慧；

知道爱情意味着忠诚和责任；

制作计划、清单并且遵照完成；

在团队中守时、合作，努力使其他人按照程序来，但是通常最后会承大多数的责任；

希望尽善尽美地达到标准，达不到的时候总是觉得愧疚。

3.1.2 蓝色性格特征

乐于在人们身上或者自然界发现美丽；

乐于培育和照顾他人或者事物，并且看着他们成长；

诚实的分享和真正的交流是生活中最重要的事情之一，与其他人相处可能会比较困难，尤其是那些自私而不关心别人的人；

总是试着创造和睦，但如果无法相处宁愿保持孤独；

有时候比较情绪化，而且过去的感受和经历总是要跟随很长时间；

总是希望发现人们最好的地方，看重合作和善意，对精神层面的事物怀有兴趣，渴望和平。

3.1.3 绿色性格特征

需要自由去探索、学习、实验并且收集信息和知识；在做决定前，需要时间思考和分析；绝不会容忍任何糊涂，非常好奇，总是立地去理解。

喜欢学习感兴趣的东西，不喜欢被告知应该做什么、要做什；不喜欢也不信任权威，除非那些经证明确实是正确的；不喜欢重复同样的事情，喜欢创造和前进。

喜欢创意与实物，希望人们能赞赏其对这个世界所做出的独特贡献；感觉强烈，同样也在意别人的感受，但不喜欢对其做太多谈论。

3.1.4 橙色性格特征

喜欢成为百事通，喜欢与他人竞争并竭尽所能；

认为生命是一场冒险，行动和刺激都是生活的调味品；

不停地运动，大声欢笑，最终达成目标；

行为冲动经常一时兴起，希望人们尊重其技能、创造力、能量；

生存并且学习，并通过行动来学习，喜欢动手实践。

3.1.5 性格色彩测试

测试说明

在每题中“最像你”“第二像你”“第三像你”“最不像你”的选项后分别填上4、3、2、1描述排序，完成测试后，再分别计算出a、b、c、d的总分，并将a、b、c、d的总分分别填在页底的“金色”“蓝色”“绿色”“橙色”旁留出的空白处，得分最高的色彩就是你的性格色彩。

1. a.可靠、沉着、谨慎（ ）
   b.感性、同情、和蔼（ ）
   c. 冷静、聪明、独立（ ）
   d.活泼、机智、充满活力（ ）

2. a.通情达理、品行方正、工作努力（ ）
   b.敏感、真诚、关心他人（ ）
   c.逻辑、抽象、品行方正（ ）
   d.灵巧、爱玩、风趣（ ）

3. a.可靠、守信、忠实（ ）
   b.亲切、个性、参与（ ）
   c.好奇、科学、深思（ ）
   d.胆大、充满活力、勇敢（ ）

4. a.可信赖、有条理、严肃（ ）
   b.温和、融洽、热心（ ）
   c.性急、完美主义、执拗（ ）
   d.活在当下、冲动、积极（ ）

5. a.言行一致、有组织、按计划（ ）
   b.意义深远、精神性、有灵感（ ）
   c.分析、试验、建模能力强（ ）
   d.高影响力、令人信服、宽宏大量（ ）

6. a.稳健、忠诚、乐于支持（ ）
   b.诗人气质、有音乐才能、有艺术气质（ ）
   c.精于理论、勤学、有原则（ ）
   d.富于表演、爱玩耍、创造性（ ）

7. a.承诺、贯彻、坚持（ ）
   b.交流、鼓舞、培育（ ）
   c.告知、讨论、疑问（ ）
   d.活跃、竞争、参与（ ）

8. a.保全、维持、防卫（ ）
   b.启示、理解、欣赏（ ）
   c.设计、发明、构造（ ）
   d.促进、激发、激活（ ）

9. a.重视、尊重、提供（ ）
   b.共享、联系、表达（ ）
   c.尊敬、聪明、独立（ ）
   d.感动、娱乐、惊奇（ ）

10. a.传统、忠诚、保守（ ）
    b.归属、参与、合作（ ）
    c.怀疑论、不妥协、公正（ ）
    d.自由、独立、反抗（ ）

总计：

a. 金色 ________
b. 蓝色 ________
c. 绿色 ________
d. 橙色 ________

	金色	**蓝色**	**绿色**	**橙色**
基本需求	秩序	真实	理性	自由
最高的价值	服务 责任	诚实 共鸣	客观性 完整性	行动 个性
关键经验	判断	情感	逻辑	感觉
学习风格	具体的 有组织的 实用的	热情的 合作的 参与的	独立的 数据支持的 分析的	实践的 技巧支持的 身体活跃的
最大的快乐	成就 服务 认同	精神视野 亲密 爱情	智慧 发现 创新	行动中的技巧 兴奋 胜利
性	回报/给予 私密的 恰当的、合适的	浪漫的 情绪化的 创新的	探索的 独创性的 体贴的	精力充沛的 技术性的 趣味
因什么受困扰	没有秩序 不稳定性 缺乏责任感	不和谐 不诚实 没感觉	缺乏逻辑 不公正 多愁善感	权威 规则 自大
因什么受鼓舞	贡献被认同	被欣赏 情感支持	智慧被认同	自由 尊重 称赞
在团队中的表现	组织 承担义务 贯彻始终	交流 激励 合作	分析 创意 独立性	身体的技能 创新的能量 玩乐
在工作中的表现	稳定性 组织性	支持 热忱	创意 实用主义	活力 创新性
个人烦恼	负担过重 刻板 专横跋扈	喜怒无常 反复无常 心不在焉	无决断性 优越感 冷淡	粗心大意 急躁 冲动
在人际关系中寻找	严肃 责任 忠诚	意义 亲密 爱慕	自主性 尊重	感官刺激 兴奋

3.1.6 同色彩不同明度、彩度的对比

同色相不同明度、彩度的色彩与性格的关系

同色相不同明度与彩度的玫瑰

喜欢
喜欢
喜欢
喜欢
性格A（橙色）
性格B（金色）
性格C（绿色）
性格D（蓝色）

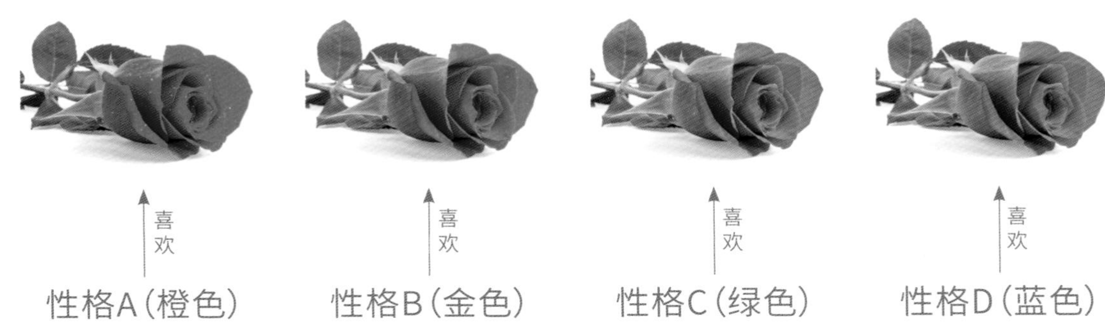

3.1.7 性格——色彩——健康的密码

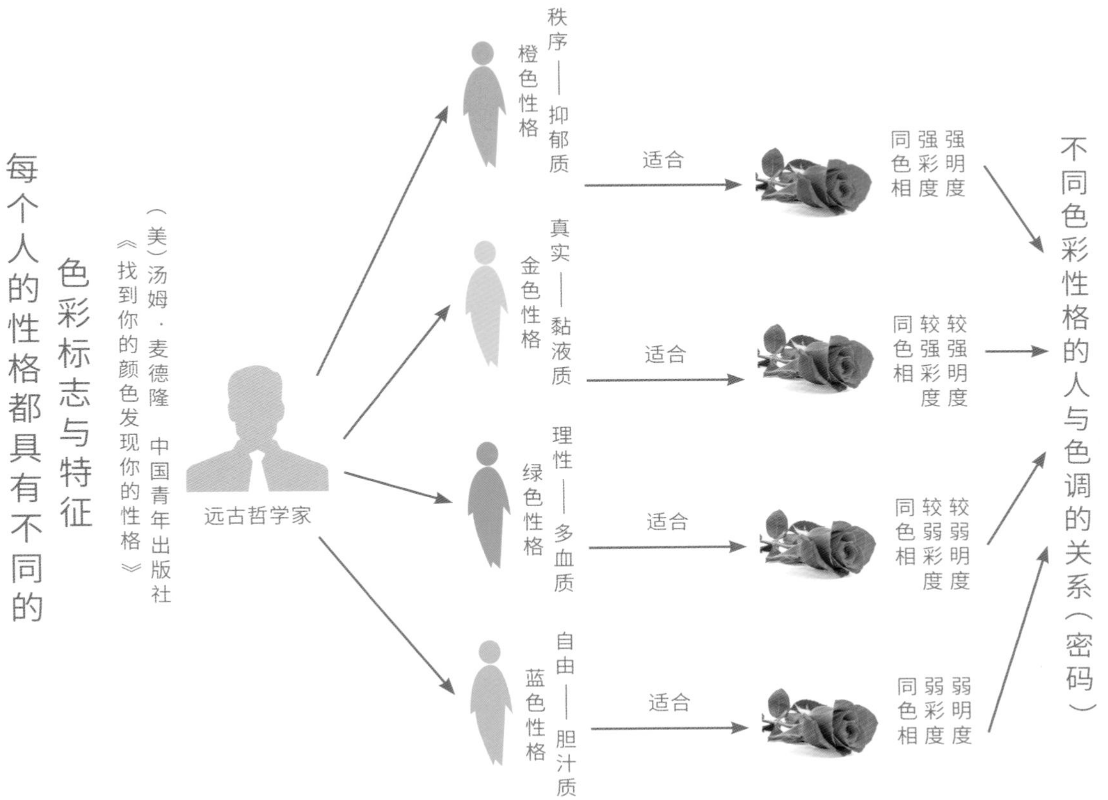

每个人的性格都具有不同的
色彩标志与特征
（美）汤姆·麦德隆
《找到你的颜色发现你的性格》
中国青年出版社
远古哲学家
橙色性格
秩序——抑郁质
金色性格
真实——黏液质
绿色性格
理性——多血质
蓝色性格
自由——胆汁质
适合
适合
适合
适合
同色相 强彩度 强明度
同色相 较强彩度 较强明度
同色相 较弱彩度 较弱明度
同色相 弱彩度 弱明度
不同色彩性格的人与色调的关系（密码）

橙色性格强彩度.强明度
C:7 M:7 Y:21 K:0
K:11 M:13 Y:49 K:0
K:11 M:15 Y:82 K:0
K:9 M:24 Y:82 K:0
K:1 M:13 Y:71 K:0
K:3 M:25 Y:88 K:0
K:2 M:36 Y:75 K:0
K:16 M:57 Y:80 K:0

蓝色性格弱彩度.弱明度
C:2 M:3 Y:10 K:0
C:2 M:4 Y:18 K:0
C:2 M:5 Y:40 K:0
C:2 M:9 Y:46 K:0
C:3 M:7 Y:33 K:0
C:1 M:14 Y:45 K:0
C:2 M:19 Y:40 K:0
C:2 M:23 Y:33 K:0

3.2.1 居住空间中客厅色彩应用探索

黄色具有希望、幸福和愉快的象征意义。黄色与明亮的颜色搭配，可以营造一种充满活力、快乐的氛围，所以米黄比较适合充客厅的主色。

金色性格较强彩度.较强明度
C:5 M:6 Y:17 K:0
C:7 M:7 Y:34 K:0
C:8 M:11 Y:67 K:0
C:6 M:18 Y:71 K:0
C:2 M:10 Y:56 K:0
C:2 M:20 Y:79 K:0
C:2 M:28 Y:60 K:0
C:13 M:42 Y:58 K:0

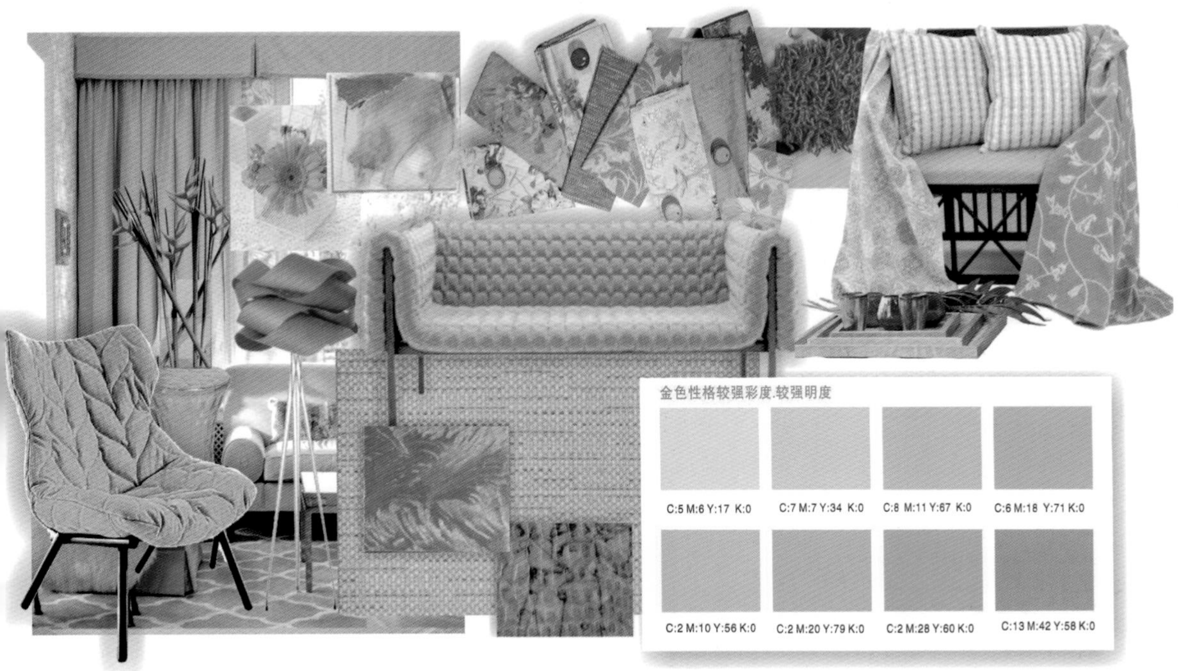

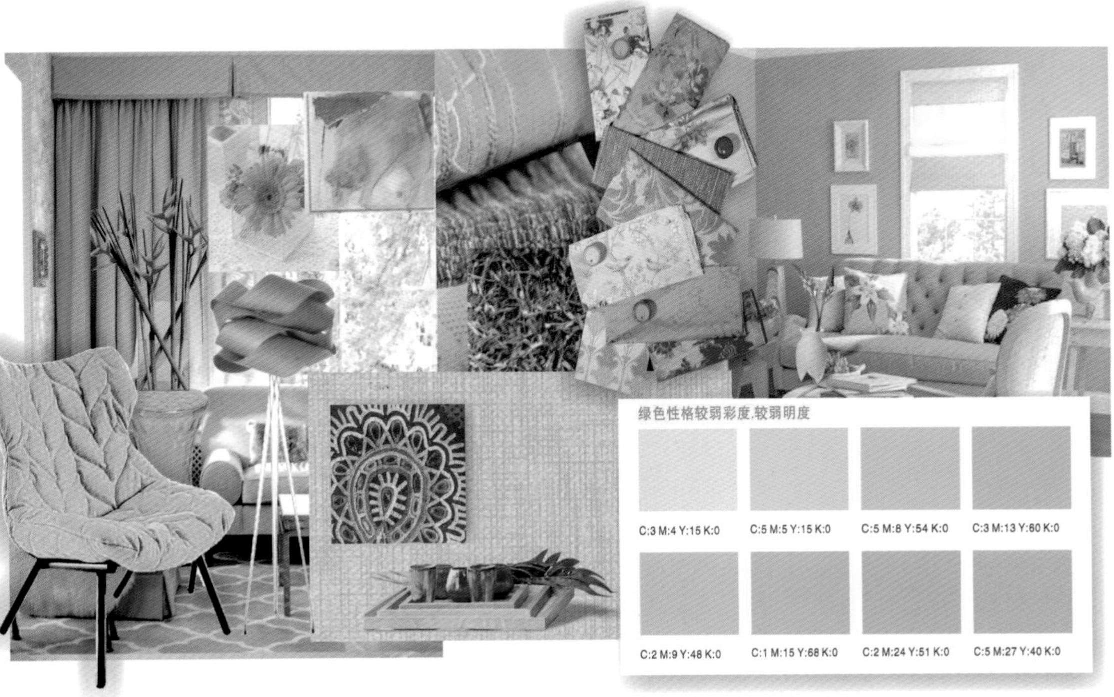
绿色性格较弱彩度.较弱明度
C:3 M:4 Y:15 K:0
C:5 M:5 Y:15 K:0
C:5 M:8 Y:54 K:0
C:3 M:13 Y:60 K:0
C:2 M:9 Y:48 K:0
C:1 M:15 Y:68 K:0
C:2 M:24 Y:51 K:0
C:5 M:27 Y:40 K:0

3.2.2 居住空间中餐厅色彩应用探索

橙色的名字取自水果，让人感觉特别亲切、热闹。红色、橙色和黄色等鲜艳的暖色调有增进食欲的作用。看到鲜艳的颜色时，肠胃活动会被激活，从而产生食欲，有助于我们回忆起以前吃过的美食，所以餐厅适合用暖色系。

金色性格较强彩度.较强明度
C:1 M:43 Y:54 K:0
C:4 M:51 Y:80 K:0
C:2 M:75 Y:60 K:0
C:12 M:89 Y:72 K:0
C:0 M:44 Y:73 K:0
C:0 M:64 Y:56 K:0
C:5 M:81 Y:66 K:0
C:25 M:87 Y:95 K:0

绿色性格较弱彩度.较弱明度
C:2 M:35 Y:40 K:0
C:2 M:40 Y:63 K:0
C:1 M:57 Y:40 K:0
C:6 M:75 Y:51 K:0
C:1 M:41 Y:68 K:0
C:2 M:53 Y:42 K:0
C:4 M:72 Y:56 K:0
C:18 M:78 Y:91 K:0

3.2.3 居住空间中卧室色彩应用探索

蓝色有催眠、镇静的效果，会让人的情绪会慢慢平静下来，呼吸和肌肉的紧张也会得到缓解。卧室是我们休息的地方，因而选用具有催眠作用的蓝色为基调比较适合。

SOCKS
金色性格较强彩度.较强明度
C:24 M:4 Y:8 K:0
C:32 M:3 Y:9 K:0
C:45 M:4 Y:11 K:0
C:62 M:10 Y:11 K:0
C:6 M:2 Y:2 K:0
C:21 M:11 Y:5 K:0
C:93 M:48 Y:0 K:0
C:84 M:57 Y:4 K:0

SOCKS
绿色性格较弱彩度.较弱明度
C:20 M:4 Y:7 K:0
C:35 M:11 Y:9 K:0
C:44 M:16 Y:13 K:0
C:60 M:33 Y:24 K:0
C:6 M:5 Y:5 K:0
C:18 M:9 Y:9 K:0
C:52 M:11 Y:20 K:0
C:80 M:35 Y:9 K:0

3.2.4 居住空间中洗手间色彩应用探索

绿色是大自然的颜色，有让人眼睛放松、神经系统宁静、清新干净的效果，可以缓解精神上的紧张感，适合用于卫生间。

金色性格较强彩度.较强明度
C:8 M:2 Y:17 K:0
C:15 M:7 Y:64 K:
C:14 M:1 Y:80 K:0
C:33 M:19 Y:93 K:0
C:12 M:8 Y:28 K:0
C:23 M:7 Y:65 K:0
C:37 M:13 Y:87 K:0
C:50 M:30 Y:92 K:0

绿色性格较弱彩度.较弱明度
C:5 M:1 Y:13 K:0
C:3 M:2 Y:47 K:0
C:3 M:1 Y:47 K:0
C:11 M:5 Y:47 K:0
C:18 M:15 Y:64 K:0
C:30 M:0 Y:96 K:0
C:37 M:15 Y:70 K:0
C:31 M:26 Y:70 K:0

3.3 光线与健康

3.3.1 日光

日光是居住空间最令人满意的照明方式。人工光源的生产厂商总是力图模拟自然照明的效果，这是由于日光包含了可见光谱中的所有色彩。当所有的色彩都存在的时候，形成的光线是白色的、明亮的，它不会扭曲我们对周围色彩的感知。从生理学角度讲，日光通过以下方式影响着我们：

在腺体方面，位于我们眼睛后部的脑松果腺体和脑垂体都会受到影响。这两种腺体都对光线十分敏感，并负责调节人体荷尔蒙的分泌。

荷尔蒙有助于调节人体的生物钟；形成人体皮肤内的褪黑素（色素）；提高我们的视觉能力；有效增强我们大脑的工作能力；提高人体合成维生素的能力。

3.3.2 光线对人类健康的益处

随着研究人员对全光谱或自然光线进行持续不断地研究，研究人员发现了光线对人类健康的一些益处：

加强了荷尔蒙的分泌；

减少了恐惧症、失眠症和头痛等神经官能症的发生；

增加维生素D的生产；

降低血压和LDL胆固醇；

缓解季节性情绪紊乱（SAD）；

缓解机能亢进；

缓解视觉疲劳；

提高色彩显示能力，增强视觉敏感度；

降低褪黑素浓度。

3.3.3 荷尔蒙

荷尔蒙的作用：

刺激血液循环；

增加白血球的生成量，提高免疫力。

人工光源在显色方面存在以下问题：

白炽灯泡强化了光谱末端的橙色至红色的部分，使蓝色和紫色的质量大打折扣；

荧光灯泡过分强调光谱中黄色至绿色的部分，使它们成了主导，同时也使光谱中其他色彩遭到了扭曲（包括黄色系和绿色系）。

3.4 色彩疗法

色彩就是光，各种色彩都有着独特的波动和性质，“色彩疗法”就是灵活运用色彩的能量，以色彩学和心理学为基础，寻求精神和身体治愈。

世界上有很多种色彩疗法，这里介绍一下以色彩为主题的代表性色彩疗法。

3.4.1 日光浴疗法

明亮的光线会使人类充满活力，天色一旦变黑行动就会变得缓，渐渐进入睡眠状态。就像植物沐浴在阳光下一样，但凡生物对光有感受性，离开光就无法生存。

远古时代起，光能就被利用于各种各样的治疗场合。其中，日浴可以说是历史上最古老的色彩疗法。被称为西方医学始祖的希腊医师希波克拉底，曾留下过关于太阳光线治疗效果的记述。那个时代，人们就认识到了太阳浴对健康的好处。

17世纪时，色彩被证明是光的一种以后，科学家、哲学家、艺术家等从各自立场和角度，对色彩和人类的关系进行了深入的研究。18世纪，德国文豪歌德（从精神性的观点出发，提出了自己的色彩论，对当今的知觉心理学和色彩心理学领域做出了巨大的贡献。

现在，通过色彩促进健康的色彩疗法作为整体医学的一种，被应用在世界各国的医疗前线，同时也在进行着更深入的研究。

3.4.2 艺术疗法

艺术疗法是通过各种各样的艺术活动，实现治愈和恢复的心理疗法。有粘贴法，利用粘土和木材的“造型疗法”，以及在沙子上摆放人偶的“箱庭疗法（庭院式盆景疗法）”等诸多种类，以治疗为目的被应用在医院、诊所，以及疗养院、孩子的情操教育、Self Counselling（自我指导）等方面。

其中，“绘画疗法”是与色彩关系最密切的心理治疗法。从绘画的画面构成和色彩搭配，可以分析出人的心理状态，并且可以通过绘画这一行为本身表现自己，恢复自信。

1969年成立的日本艺术疗法学会，以国际表现病理会（CIP\Expression International Institute INC）为母体，在美国获得了州和学会承认的认定资格。

3.4.3 光能治疗

光能疗法是1984年英国药剂师维琪·渥尔女士创造的光与色的治疗方法。现在被54个国家使用，在德国、瑞士、奥地利、日本、意大利，是最流行的色彩疗法之一。

“Aura”在拉丁语中是“光”的意思，“Soma”在古希腊语中是“身体”的意思。在光能治疗体系中，凭直觉从分为上下两层色彩的105瓶色彩瓶中挑出喜欢的四瓶，通过这四个色彩瓶，解读心理和身体的状态。

光能治疗体系认为，人在无意识中选择出来的色彩瓶反映了当时心理的状态，从过去—现在—未来这一时间的流动，或者潜意识、显意识等各种角度都可以获取信息。

3.4.4 色光疗法

20世纪70年代，德国的针灸师彼得·曼戴尔博士研究了光色的效果，并结合东西方医学创造了色光疗法。

所谓色光疗法就是指“色（Color）”和“针（Puncture）”。光的不同波长表现为不同的色彩，不同的色彩的波长对身体也有着不同的作用。

色光疗法就是应用这一理论，对身体各部位照射适当的色光，治疗身体失调和紧张，以及对应的心理失调。

针灸是通过对患者的必要部位（穴位）施加针的刺激来达到治疗的效果，同样，也可以通过对身体的穴位照射对应的色光来达到治疗的目的。

3.5 身体七色光

所谓色彩疗法指的是应用色彩的波长和精神影响力，对身心、神加以影响的自然疗法。色彩疗法的主题就是，让人达到身心平、恢复平衡的健康状态的目的，研究如何利用色彩对生活和身体加影响。

色彩疗法吸收了东方医学和印度哲学的色彩概念，将重点放在色彩与脉轮（chakr音译为查克拉，意指“圆”“轮子”）的关系上面。脉轮指分布在人体中的七个能量中枢，与光谱的色彩也就是彩虹七色的相对应。人们认为，脉轮的作用就是对身体各器官的机能、感情、精神施加影响，并且与色彩有着密切的关系。

人体彩虹图——能量中心图

第七脉轮：头顶
（顶轮 Sahasrara Chakra/Crown Chakra）
身体的部位：大脑、肌肉、皮肤、松果体
脉轮的意义：精神栓、幻想、统一、灵性

第六脉轮：眉间
（眉心轮 Ajiana Chakra/Third Eye Chakra）
身体的部位：小脑、眼、鼻、耳、脑下垂体
脉轮的意义：洞察力、创意、透视、直觉

第五脉轮：喉头
（喉轮 Vishuddha Chakra/Throat Chakra）
身体的部位：咽喉、气管、食道、口腔、牙齿、甲状腺
脉轮的意义：生的意志、本能、生命力、所有的基础

第四脉轮：胸口中央
（心轮 Anahat Chakra/Heart Chakra）
身体的部位：心脏、横膈膜、肺、循环系统、胸腺
脉轮的意义：普遍的爱、自己的存在、宽恕、感情

第三脉轮：肚脐附近
（脐轮 Manipura Chakra/Solar Chakra）
身体的部位：胃、脾脏、肝脏、胰脏、神经系统
脉轮的意义：感情、社会性、自我、个性

第二脉轮：下腹部
（生殖轮 Svadhisthana Chakra/Berry kra）
身体的部位：肠、肾脏、腰部、生殖器、荷尔蒙
脉轮的意义：感觉、性意识、好恶和古老的情感

第一脉轮：尾骨
（海底轮 Muladhara Chakra/Root Chakra）
身体的部位：骨、足、脊髓、直肠、免疫系统
脉轮的意义：生的意志、本能、生命力、所有的基础

感谢设计公司与设计师支持

本书在制作与出版过程中，得到国内外许多贡献者的大力支持，现将部分设计公司及设计师的名录收录如下，感谢你们的支持，我们将一如既往奉上精品。（以下排名不分先后）

LSDCASA
达观设计
涞澳设计
集艾设计
品伊设计
梓人设计
玄武设计
成象设计
矩阵纵横
大隐设计
柏舍励创
道胜设计
共生形态
品辰设计
逸思设计
臻品设计
绿城家居
天坊设计
非空设计
昊泽空间
卡纳设计
谢辉设计
意地筑作
睿邸软装
靳冬设计
陈妮设计
壹陈设计
盘石设计
柏仁设计
水平线设计
梁志天设计
尚壹扬设计
壹挚设计
余颢凌设计
谢辉工作室
集彩室内设计
禾易建筑设计
董世建筑设计
柏仁国际设计
邱德光
李益中
连君曼
连自成
姚海滨
王俊宏
周华美
沈烤华

还有许多曾对本书制作鼎力相助的朋友，遗憾未能逐一标明与感谢。在此，衷心感谢诸位长久以来的支持与厚爱。再次感谢欧朋文化，为本书征集了精美的设计案例。

参考文献

[1]金容淑. 设计中的色彩心理学[M]. 武传海，曹婷，译. 北京：人民邮电出版社，2011.

[2]日本CR&LF研究所. 配色全攻略[M]. 陈丽佳，王津津，雷晖，译. 北京：中国青年出版社，2006.

[3]原田玲仁. 每天懂一点色彩心理学[M]. 郭勇，译. 西安：陕西师范大学出版社，2009.

[4]汤姆·麦德隆. 找到你的颜色发现你的性格：美国最准确的性格色彩测量工具[M]. 罗鹏，译. 北京：中国青年出版社，2011.

AT HOME IN SRI LANKA
EYLON
BAWA

图书在版编目（CIP）数据

空间色彩艺术与运用／方峻 主编．－武汉：华中科技大学出版社，2018.10

ISBN 978-7-5680-0392-6

Ⅰ．①空… Ⅱ．①方… Ⅲ．①室内色彩－室内装饰设计－手册 Ⅳ．① TU238-62

中国版本图书馆 CIP 数据核字 (2014) 第 212619 号

空间色彩艺术与运用

Kongjian Secai Yishu yu Yunyong

方峻 主编

出版发行：华中科技大学出版社（中国·武汉）　电话：（027）81321913

武汉市东湖新技术开发区华工科技园　邮编：430223

责任编辑：熊纯　责任监印：朱玢

责任校对：段园园　装帧设计：筑美文化

印　　刷：佛山市华禹彩印有限公司

开　　本：965 mm × 1270 mm　1/16

印　　张：16.25

字　　数：130 千字

版　　次：2018 年 10月第 1 版 第 1 次印刷

定　　价：128.00 元

投稿热线：13710226636　duanyy@hustp.com

本书若有印装质量问题，请向出版社营销中心调换

全国免费服务热线：400-6679-118 竭诚为您服务